다르게
생각하는
아이로
키우는 법

다르게 생각하는
아이로 키우는 법

초 판 1쇄 2020년 05월 20일

지은이 연정화
펴낸이 류종렬

펴낸곳 미다스북스
총괄실장 명상완
책임편집 이다경
책임진행 박새연 김가영 신은서
본문교정 최은혜 강윤희 정은희 정필례

등록 2001년 3월 21일 제2001-000040호
주소 서울시 마포구 양화로 133 서교타워 711호
전화 02) 322-7802~3
팩스 02) 6007-1845
블로그 http://blog.naver.com/midasbooks
전자주소 midasbooks@hanmail.net
페이스북 https://www.facebook.com/midasbooks425

ISBN 978-89-6637-796-1 03590

값 15,000원

엄마의 태도가 아이의 사고력을 결정한다

다르게 생각하는 아이로 키우는 법

연정화 지음

미다스북스

INTRO 엄마가 행복해야 아이도 행복하다

나는 오랫동안 직장생활을 하면서 아이에게 소홀했던 엄마였다. 출산 후 육아 휴직을 한 달도 하지 못하고 출근했다. 나는 가족보다는 일이 먼저인 삶을 살아왔다. 이해가 되지 않는다고 할 수도 있다. 나는 가난한 삶이 너무나 싫어 그 삶에서 벗어나고자 몸부림쳤으니까 말이다. 아이보다는 일을 우선으로 하다 보니 아이에게 애정 없는 엄마로 비추어지기도 했다. 엄마의 사랑과 관심이 아이에게 얼마나 큰 영향을 끼치는지를 미처 몰랐다. 아이가 성장하고 어린이집을 다니고 학교생활을 하면서 아이 내면에 상처가 있었음을 알았다. 아이의 말을 믿어주기보다는 다른 아이들과 비교하는 말을 종종 하곤 했다.

아이는 엄마의 태도를 보면서 성장한다고 하지 않는가. 엄마가 불안하면 아이도 그 불안을 느끼고, 엄마가 행복하면 아이도 덩달아 행복함을 느낀다. 육아는 우리 모두 처음이다. 그렇기 때문에 육아는 어렵다고 느끼게 된다. 항상 기쁘고 행복하면 좋으련만 인생살이가 뜻대로 되지 않으니 더욱더 힘들게 느껴지는 듯하다. 육아는 엄마와 아이가 함께 배움을 통해 성장하면서 깨달음을 얻는 과정이다.

어린 시절 나는 산과, 들, 논으로 뛰어다니면서 놀곤 했다. 4차 산업 시대에 살아가는 우리 아이들은 학교 수업이 끝나기가 무섭게 학원으로 달려가는 하루 일상이 당연시되는 분위기이다. 아이들은 틀 밖에서 놀아야 하는데 말이다. 공부도 주입식 교육이 아니라 놀이처럼 질문을 통해 상상력, 창의력을 키우는 공부를 해야 한다. 21세기를 살아가는 아이들은 인공지능 로봇이랑 함께 살아갈 것이다. 자라나는 미래의 우리 아이들은 암기 위주의 공부가 아니라 창의력을 키우는 공부를 했으면 하는 바람이다.

대다수의 부모들은 내 자식만큼은 나보다는 더 나은 사람으로 성장하기를 바라는 마음이 클 거라 생각된다. 하지만, 아이는 부모의 소유가 아니다. 엄마도 엄마의 인생이 있고, 아빠도 아빠의 인생이 있듯이 아이도 아이의 인생이 있다. 아이도 스스로 생각하고 판단할 수 있는 자아가 있는데 부모의 욕심으로 인해 모든 것을 부모가 해결해주려고 한다. 아이가 스스로 할 수 있는 기회를 줘야 한다. 아이는 부모가 믿는 만큼 자란다. 아이의 뇌 교육을 통해 엄마가 행복해야 아이도 행복하다는 것을 나는 깨달았다.

『다르게 생각하는 아이로 키우는 법』을 통해 나처럼 직장생활로 인해 육아를 고민하는 엄마들에게 나의 경험이 위안이 되었으면 한다. 인터넷 정보화 시대를 살아가는 워킹맘들이 나와 같은 실수를 하지 않기를 바라면서 아이의 치유 과정과 엄마인 나의 성장 이야기를 담았다. 아이의 뇌 교육을 통해 엄마가 행복해야 아이도 행복하다는 것을 알았다. 엄마의 모습 그대로 아이가 배운다고 한다. 나의 책을 통해 모든 워킹맘들이 희망과 용기를 가졌으면 하는 바람이다.

이 책을 통해 나 대신 아이를 성심성의껏 돌봐주신 어머님께 감사의 말씀을 전하고자 한다. 엄마의 온전한 사랑을 받지 못한 아들에게 미안하고 사랑한다고 말을 해주고 싶다. 말 안 듣고 고집불통인 신랑에게도 고맙고, 단 하나뿐인 형님 식구들에게도 감사함을 전한다. 우리 3남매를 키우시느라 고생하신 엄마에게도 고맙고 사랑한다고 전해주고 싶다. 천국에 계신 사랑하는 아빠에게도 보여드리고 싶다. 여동생, 남동생 가족들 모두 고맙고 사랑한다.

나의 책이 세상에 빛을 볼 수 있도록 코칭해주신 〈한국책쓰기1인창업코칭협회〉의 구세주 김도사 님, 권마담 님께 감사드린다. 의식과 우주의 법칙, 상상의 법칙을 깨닫게 해주신 것 진심으로 감사드린다.

끝으로 이 책이 출간될 수 있도록 도움을 주신 미다스북스 대표님과, 편집팀, 디자인팀 모든 분들께 감사의 말을 전하고자 한다.

INDEX 목 차

PART 2 욱하는 감정을 다스리는 부모가 되라

PART 3 자기 힘으로 해결하는 주도적인 아이로 키워라

INDEX 목차

PART 5 엄마의 태도가 아이의 미래를 결정한다

PART 1

완벽한 아이도,
완벽한 엄마도 없다

01 아이의 감정이 먼저다

함규정 작가의 『감정에 휘둘리는 아이 감정을 다스리는 아이』에서는 이렇게 이야기한다.

"감정이란, 어떤 현상이나 일과 마주했을 때 일어나는 마음이나 기분을 의미합니다. 감정은 일반적으로 분명한 이유가 있어 생겨납니다. 또한 순간적으로 생겼다가 일정 시간이 흐르면 진정되면서 사라집니다."

대부분의 부모는 아이의 감정보다 본인의 감정이 먼저일 것이다. 나 또한 그렇다. 아이가 3살 때인지 4살 때인지 잘 기억나지는 않는다. 내가 워킹맘이었던 시절이다. 아이를 출산하고 육아 휴직 한 달도 쉬지 못하고 출근했다. 나는 몸이 완전치 않은 채로 업무를 시작했던 셈이다. 시간이 흘러갈수록 체력에 한계가 왔다. 주말이면 밀린 잠을 자야만 했다.

어머님이 외출하신 날이었다. 아무런 이유 없이 아이가 떼쓰고 울기 시작하는데 나조차도 아이를 컨트롤할 수가 없었다. 순간 나는 감정이 올라왔다. 나는 오르는 감정을 조절한 후 아이를 달랬다. 그러나 이 고집쟁이는 진정될 기미가 보이지 않는 것이었다. 나는 아이를 방에서 밖으로 내보냈다. 우리 집은 단독주택이라 마당이 있다. 그렇다고 큰 마당은 아니다. 수돗가에 아이를 두고 난 방으로 들어왔다. 아이가 진정되면 데리고 들어올 생각이었기 때문이다. 하지만 10분, 20분, 30분이 지났음에도 불구하고 아이는 지치지도 않는지 계속 울기만 했다. 나도 점점 지쳐갈 즈음에 어디선가 아주머니 목소리가 들렸다. 처음에는 내가 잘못 들었나 생각하여 신경 쓰지 않았다. 하지만 잘못 들은 게 아니었다. 앞집 아주머니가 애한테 소리를 버럭 지르는 것이었다.

"야, 너 도대체 동네 시끄럽게 왜 글케 우냐!"

그 모습을 보니 나도 모르게 아주머니한테 "우리 애한테 왜 소리치냐?"는 말이 나왔다. 나는 "어린아이니까 우는 거지 어른이면 울겠어요?" 하면서 한마디 더 했다. "아줌마는 아이 키울 때 애들이 안 울고 컸어요?" 하자, 아무 말씀 안 하시는 것이었다. 그분은 어이없다는 표정으로 나를 한참 쳐다봤다.

부모들은 내 아이를 타인이 뭐라고 하는 걸 그냥 두고 보지는 않는다.

나는 아이들이 울기도 하고, 웃고, 뛰놀면서 성장한다고 생각한다. 하필이면 그날 많고 많은 집 중 왜 유난히 그 아주머니만 밖으로 나와서 아이한테 소리를 질렀을까 하는 의구심마저 든다. 어쩌면 그분은 조용하게 명상을 즐기면서 단잠을 청하려고 했으나 아이 울음소리에 짜증이 났을 거라 생각된다. 하지만, 나는 우리 아이한테 소리 지르니 나도 욱해서 그 아주머니한테 소리쳤을 것이다. 나도 사람인지라 감정이 먼저 앞섰다.

우리가 외식하러 가면 공공장소에서 민폐를 주는 아이들이 있다. 하지만 그 부모들은 아이한테 공공장소에서 지켜야 할 규칙들을 알려주지 않는다. 그래서일까? 대부분의 외식 장소에는 키즈놀이터가 있다. 그 시설로 인해 외식을 즐기고자 하는 가족에게는 아이들이 뛰놀고 맛있는 것도 먹을 수 있어 '일석이조'인 셈이다. 기본적으로 공공장소에서는 지켜야 할 예절은 지켰으면 하는 바람이다. 이 시대는 혼자서 살아가는 시대가 아니고 더불어 살아가는 시대이니까 말이다.

나는 아이와 감정싸움을 잘하는 엄마다. 워킹맘이었을 때 회사 일로 힘들다 보니 나의 스트레스는 아이한테로 향했다. 난 아이한테 나쁜 엄마였던 셈이다. 예전에는 내가 아이한테 그렇게 감정적인 엄마였다는 것을 몰랐다. 때때로 아이가 나에게 "엄마 나빠."라고 말하면 나도 똑같이 아들에게 "너도 나쁜 아들."이라고 말했다. 참 유치하기 짝이 없다. 태어나서 내가 직장 다닌다고 제대로 보살펴주지도 않았을 뿐만 아니라 온전한 사랑을 주면서 키우지도 못한 나다. 아이는 엄마인 나를 지금도 어려워한다. 오히려 할머니를 더 좋아라 한다. 슬프지 않나. 하지만 어떡하겠나. 이미 엎질러진 물인 것을.

현시대는 대체로 결혼을 미루거나 혼자 살기를 원한다. 처음에는 왜 그런 생각을 할까? 아이를 키우면서 느끼는 보람도 있을 텐데 이런 생각을 혼자 해본 적이 있다. 하지만 우리가 살아가는 21세기는 말처럼 쉽지 않다. 나 또한 먹고살아야 했기 때문에 시어머니께 아들의 육아를 맡기고 노예의 인생을 살지 않았나. 현 젊은이들의 고충을 이해하게 되었다. 아이한테 얽매이다 보면 자신의 삶 또한 장담할 수 없는 현실이다. '경단녀'라는 말이 왜 생겼겠는가.

젊은 세대들은 우리 부모 세대하고는 살아가는 방식이 다르다. 부모 세대는 자식을 뒷바라지해서 자식들이 잘되고 성공하는 게 그분들의 인생 목표였으니 가능했다. 그렇기 때문에 헌신적으로 자녀에게 올인했을지도 모를 일이다. 그러나 21세기를 사는 젊은이들은 자신의 인생을 살고자 한다. 아이로 인해 자신의 삶을 포기하지 않는다. 나 또한 능력만 있으면 혼자 살아도 괜찮다고 전 회사 여직원에게 말한 적이 있다. 그렇다고 과거를 후회하지는 않는다. 그 또한 내가 선택한 인생이니 말이다.

나는 일한다고 아이를 소홀히 한 것이 마음의 빚으로 남아 있다. 아이는 엄마와 함께 보낸 어릴 적 추억이 거의 없으니 말이다. 다른 엄마들처럼 나는 아이가 언제 걸었는지, 언제 뒤집었는지, 언제 기었는지 잘 모른다. 그런 이야기를 들을 때마다 나는 마음이 시려 온다.

나는 아이한테 이런 말도 들었다.

"나 세상에 왜 태어나게 했어?"

나는 아이의 마음을 생각하지도 않고 감정대로 아이에게 대답했다.

"너는 엄마한테 왜 왔는데?"

참 어이없는 상황이 아닐 수 없고 웃픈 현실이다. 그동안 아이는 내게 상처가 깊었던 것이다. 진즉에 나는 왜 몰랐을까? 아이와 나는 해결하지 못한 숙제가 있는 듯하다.

감정 기복이 심했던 아이는 뇌 교육 HSP 수업을 통해 한결 밝아졌다. 오죽하면 아이 수업을 진행하시는 뇌 교육 트레이너 선생님이 내게 이런 말을 하셨을까?

"아이가 엄마의 칭찬에 목말라 있는 것 같으니 어머니 마음에 들지 않더라도 칭찬을 자주 해주세요."

그 말을 듣는 순간 나의 얼굴은 홍당무가 되었다. 나는 한동안 말을 할 수가 없었다. 어디론가 숨고 싶었다. 집에 돌아와 곰곰이 생각해보니 한 번도 아이에게 잘했다고 칭찬해준 적이 없더라.

『열 살 엄마 육아 수업』에서는 "아이는 기분이 좋을 때 더 잘하게 된다. 아이는 칭찬을 받거나 스스로 동기가 생길 때 격려를 받게 되면 기분이 좋아진다. 칭찬은 아이가 잘할 때 보상해주는 것이다."라고 이야기한다.

아이는 부모의 감정을 고스란히 보여주는 거울이다. 엄마가 아이한테 한 행동을 아이는 엄마에게 그대로 돌려준다는 것을 명심하자. 그동안 나는 엄마로서 아이에게 진심에서 우러나오는 칭찬을 한 번도 해준 적이 없었다. 내 감정만 먼저 생각했지 아이의 감정을 들여다본 적이 없다. 처음부터 알고 시작하는 부모가 없듯이 나도 행동이나 말을 바꿔 아이에게 모범이 되는 엄마가 되고자 노력할 것이다.

02 또래 아이와 비교하지 마라

나는 어렸을 때 동네 언니, 오빠, 친구, 동생들과 고무줄놀이, 자치기 놀이, 쥐불놀이를 하면서 성장했다. 하지만 요즘 아이들에게 내가 놀았던 추억 놀이를 들려주면 전혀 모를 것이다. 시대가 많이 변하고 발전하였으니 모르는 건 당연하다.

우리 아이도 학교 수업 후 하교하면 학원으로 달려가는 게 하루의 일상이다. 우리 때와는 달리 삭막하게 하루를 보낸다고 봐야 한다. 요즘은 친구를 사귀기 위해 학원을 간다는 말이 있을 정도다. 집 근처 놀이터에 또래 아이들이 보이지 않는 게 현실이다.

내가 학교 다녔을 때는 한 시간 반 정도를 걸어 다니곤 했다. 그 시간만큼은 친구들이랑 수다 떨고 공부 스트레스에서 해방되는 달콤한 시간이었다. 그 시절도 공부 잘하는 친구들끼리, 운동 좋아하는 친구들끼리 끼리끼리 어울리곤 했다. 세월이 지났어도 과거나 현재나 끼리끼리 문화는 여전한 듯하다.

나는 우리 아이가 살아가야 하는 미래가 걱정된다. 내가 살아온 시대는 공부만 잘해도 먹고살 수 있는 시대였다. 하지만 4차 산업혁명 시대에는 공부만 잘해서는 살아남을 수가 없다. 아이들에게 상상력, 창의력을 키워줘야 한다. 아이의 친구를 만들어주기 위해 엄마들이 나선다는 이야기도 들은 적이 있다. 처음엔 나도 그래야 하나 생각도 들었지만 모든 것을 엄마가 해결해줄 수 없다고 판단했다. 나는 또래 아이들 문화에서 아이 스스로 판단하고 생각하고 깨닫고 성장하기를 바란다.

어느 날이었다. 아들은 학습지를 해야 하는데 핸드폰 게임을 하느라 공부는 뒷전이었다. 처음에는 '아이가 알아서 하겠지.'라고 생각했다. 하지만 시간이 지나도 학습지를 할 기미가 보이지 않자 나는 잔소리를 하게 되었다. 나는 아이한테 "야! 너 그렇게 공부해서 뭐 될 거냐?"라고 말했다. 아들은 "엄마는 말을 왜 그런 식으로 해?"라고 하는 것이었다. "그럼 네가 엄마가 말하기 전에 알아서 하면 되잖아." 나는 맞받아쳤다. 더구나 나는 "다른 아이들은 학원을 몇 시까지 다니는 줄 알기나 하냐?"면서 너는 친구들보다 행복한 거라고 감정 섞인 말투로 말한 적도 있다.

아이는 태권도를 마치고 집에 오면 오후 7시이다. 태권도는 6시 30분에 끝나는데 아이는 밖에서 더 놀다가 집으로 돌아온다. 오해는 금물! 종일 아들이 학원에 있는 것은 아니다. 태권도 가기 전에 한 시간은 집에서 쉬다 간다. 그 시간마저 아들은 핸드폰 게임을 하니 답답한 노릇이다. 우리 아이와 달리 또래 아이들은 빽빽한 스케줄로 인해 밤 10시까지 학원 다니는 아이들이 많다. 한창 운동장에서 뛰놀면서 지내야 하는 나이임에도 부모의 욕심으로 인해 아이들을 창살 없는 감옥과 다름없는 학원으로 내보내고 있지 않은지 생각해 볼 일이다.

『북유럽 스타일 스칸디 육아법』에서 "아이에게는 경쟁이 아니라 잘하는 한 가지가 중요하다. 다른 사람의 삶을 사느라 정작 자신의 삶을 놓치면 안 되는 것이다. 교육에서 중요한 것은 경쟁이 아니라 스스로 실력을 키우는 일이다. 적성을 통해 자아 실현을 해야 하는 것이다."라고 이야기한다.

나는 이 말에 동감한다. 예전에 나도 공부만 잘하면 성공할 수 있다고 생각했다. 하지만, 현재 내가 살아가고 있는 시대에서는 공부만 잘한다고 성공하는 게 아님을 깨달았다. 금수저로 태어나지 않는 한 불가능한 것이라는 말이다. 우리 아이가 살아가야 하는 4차 산업 시대, 즉 21세기에는 주입식 교육으로는 아이가 창의적인 사고를 갖추는 게 쉽지 않다. 나는 우리 아이가 자신의 꿈을 찾기를 바란다. 나는 우리 아이들이 원하는 적성을 찾아서 꿈을 키우기를 바란다.

아이가 초등학교 6학년 때인 걸로 기억된다. 학교에서 체험현장 학습을 갔다. 평소 학교 수업보다 일찍 끝나니 당연히 학원에 다녀왔을 거라 믿었다. 퇴근 후 집에 오자마자 아이에게 "오늘 학원 갔다 왔지?"라고 물었다.

그런데 아이 반응이 수상했다. 아이가 대답을 안 하니 옆에 계신 어머님이 "학원 간다고 나갔는데…."라고 말씀하시는 것이었다. 아이는 내 눈치만 살살 보는 것이었다. 나는 다시 물었다. "너 진짜 학원 갔니?" 돌아오는 대답은 가관이었다. 아이는 피곤해서 하루 쉬고 싶었다고 하는 것이다.

나는 기가 차서 말문이 콱 막혔다. 화가 치밀어 올랐다. 그 기분으로 아이에게 "정말 피곤했으면 집에서 쉴 것이지, 할머니한테 학원 간다고 하고 왜 나갔냐? 어디 갔었냐?"라고 아이를 채근했다. 아이는 축구를 너무 하고 싶어서 할머니한테 학원 간다고 말하고 본인은 학교 운동장 가서 축구를 했다는 것이었다. 나에게는 청천벽력이었다. 한 번도 그런 적이 없던 아이가 그런 행동을 하니 당황스러웠고 혼란스러웠다.

아이는 반복적인 스케줄로 인해 점점 재미와 흥미를 잃어버렸을지도 모른다. 나는 부모의 관점에서 아이를 판단하고 생각했을 것이다. 아이도 본인 나름대로 하고 싶었던 게 있었을 거라 판단된다. 때로는 놀고 싶었을 것이고, 똑같은 일상의 패턴에서 이탈을 꿈꿨을 수도 있었을 것이다. 저

학년에서 고학년으로 올라갈수록 아이 스스로 판단하는 자아가 성장했을 테니 말이다. 또래들과 학교생활을 함께 하면서 듣고 보고 느끼는 것이 있었을 것이다. 나는 내 생각대로만 아이를 판단한 것이다. 대부분의 부모들은 내 아이는 다른 아이들과 다를 거라는 착각 속에 살아갈지도 모른다. 나도 그랬으니 말이다.

아이가 HSP 일지 영재를 준비하던 시기였다. 일지 영재에 선발되기 위해서는 반드시 HSP12단을 통과해야만 한다. 아이는 생각보다 두려움도 많고 겁도 많다. HSP12단은 물구나무서서 36걸음을 걸어야만 한다. 벽에 기대는 물구나무조차도 무서워서 못하는 아이였다. 아들보다 어린 동생이 진도가 빨랐던 걸로 기억된다. 무심결에 나는 아이한테 "ㅇㅇ는 몇 걸음 걸었다고 하는데, 너는 고작 ㅇㅇ걸음이냐?"라고 말했다. 아이는 내 말을 듣자마자 얼굴이 울긋불긋해지더니 홍당무가 되는 것이었다. 그러면서 엄마 때문에 마음 상해서 안 하겠다고 하는 것이었다. 의도치 않게 나는 아이에게 또래 아이들과 비교하는 말을 종종 했다. 그런 말을 들은 아이가 마음의 상처를 입었을 거라 생각되니까 마음이 아팠다.

『부모라면 유대인처럼』에서는 이야기한다.

"천재적인 아이는 학습을 잘하는 아이가 아니라 남과 다른 아이다. 내 아이가 어떤 개성이 있는지, 어떤 것을 좋아하는지 관찰부터 시작하자, 가능한 한 아이와 함께 많은 시간을 보내면서 음악, 미술, 스포츠, 외국어 등 다양한 경험을 하도록 유도하자."

워킹맘이던 시절에 나는 아이를 잘 관찰하지 못했다. 아이에게 상처 주는 말을 하고 또래 아이들과 비교하기만 했다. 아들은 축구 선수가 되겠다고 매일 풍선으로 집에서 축구 연습을 한다. 코로나 19로 인해 의도치 않게 사회적 거리 두기 캠페인을 실천하는 셈이다. 나는 아이에게 다양한 경험만큼 좋은 것은 없다고 생각한다. 아이들의 외모가 다 다르듯이 성격, 표현력, 집중력, 관심, 흥미, 호기심도 다 다를 것이다. 내 아이를 또래 아이들과 비교하면서 부모가 정해놓은 틀 속에서 키우려고 하다 보면 아이에게는 상처만 남게 된다. 사랑하는 내 아이가 바르게 성장하길 바란다면 엄마부터 먼저 달라져야 한다. 또래 아이들과 비교하기보다는 칭찬과 격려로 아이의 자신감을 키워주자.

03 아이가 원하는 것은 관심이다

오늘도 어김없이 아들은 일어나자마자 핸드폰을 만진다. 할머니랑 같이 잠을 자는 아이는 일찍 잠자리에 들고 일찍 일어난다. 나는 아이가 태어나자마자 출산 휴가를 한 달도 갖지 못하고 회사 업무에 복귀해야만 했다. 대표와 여직원 사이에 문제가 있었기 때문이다. 이 글을 보시는 분들도 미쳤다고 할지도 모른다. 그러나 나는 새삼스럽지도 않다. 나의 지인들도 내게 그렇게 말했으니까 말이다. 나로서는 선택의 여지가 없었다. 내가 직장으로 복귀하지 않으면 나의 밥그릇이 없어지는 셈이었다. 남편 한 사람의 월급으로는 가계를 꾸리기가 힘들었기 때문이다. 아껴서 생활하면 가능하다고 생각할지도 모른다. 알다시피 물가는 천정부지로 오르는데 월급은 오르더라도 티도 안 난다. 솔직하게 말하면 제자리인 셈이다.

내가 일하러 다니는 동안 어머님은 나대신 아이를 돌봐주셨다. 아이는 세상에 태어나서부터 엄마, 아빠의 사랑보다 할머니, 할아버지의 사랑을 듬뿍 받으면서 성장했다. 시댁은 아들이 귀한 집안이었다. 오죽하면 우리 엄마가 나한테 이런 말까지 했다. "너 아들 안 낳았으면 소박맞았을 것"이라고 하는 것이었다. 나는 "무슨 조선 시대도 아니고 말도 안 되는 소리"라고 대꾸했다. 아직도 '남아선호사상이란 말인가?' 하는 생각마저 들었다. 우리 엄마도 어쩔 수 없는 옛날 사람인가 보다 하고 흘려버렸던 기억이 있다.

아들은 할머니, 할아버지의 사랑을 받고 자랐기 때문에 엄마, 아빠의 사랑이 더 그리웠을지도 모른다. 어렸을 적 나는 부모님의 사랑을 듬뿍 받은 기억이 별로 없는 듯하다. 아빠는 내가 초등학교 6학년 때 천국으로 가셨으니 내가 기억하지 못할 수도 있다. 나는 자라면서 엄마와 다투었던 기억이 많다. 어렸을 때 부모의 사랑을 듬뿍 받으면서 성장한 아이는 어른이 되어서도 그 추억이 잠재의식 속에 내재되어 있다고 한다. 그런 아이들은 성인이 되어서도 자녀에게 좋은 추억을 만들어준다고 한다.

아들 친구의 부모는 맞벌이다. 그 부부는 주말이면 항상 아이들을 데리고 동물원, 놀이공원, 캠프 등 가족끼리 외출 및 여행을 가곤 한다. 나는 문득 궁금해졌다. 사람인지라 피곤할 텐데. 주말에는 쉬고 싶은 생각이 드는 게 인지상정이라고 생각했기 때문이다. 여름 방학 때였던 걸로 기억된다. 서울랜드에서 우연히 만나게 되었다. 기회는 이때다 싶어 궁금한 것을 물어봤다. 나는 "어떻게 매주 아이들과 함께 시간을 보낼 수 있어요? 안 힘드세요?"라고 질문했다. 그분이 하시는 말씀은 어렸을 적 아버지가 항상 같이 놀아주셨던 기억이 많이 난다는 것이었다. 그분은 어렸을 때부터 성장 후 결혼하게 되면 미래의 자신의 아이에게도 똑같은 추억을 만들어주고 싶었다고 했다. 나에게는 충격 그 자체였다. 나는 그들이 존경스럽고 대단해 보였다. 우리 부부는 주말이면 찌든 일상으로부터 충전을 위해 잠을 잤기 때문이다. 부모의 사랑과 관심은 자녀의 아이에게도 영향을 끼친다는 사실을 알게 된 계기였다.

나는 시댁에서 같이 살았다. 시댁은 3층, 나는 1층에서 지냈다. 나는 퇴근 후 아이를 만나러 3층으로 올라갔다. 하지만 내가 도착할 시간이면 아이는 항상 꿈나라의 시간이었다. 참 신기하게도 아이는 엄마 냄새를 아는지, 엄마가 자기를 보러 온 걸 아는지 쌔근쌔근 자다가도 내가 바라보고 있으면 뒤척이는 것이었다. 그 어린 것이 엄마가 온 걸 어떻게 아는지. 나는 생명의 신비로움을 느꼈다. 아이는 엄마의 관심, 애정, 사랑을 받고 싶어서 그랬던 건 아닌지 생각해본다.

나는 아이들을 좋아하지 않았다. 오죽하면 친구들이 나에게 이런 말을 하곤 했다. "그래 봤자 너도 네 자식 낳으면 달라지고, 아이한테 관심 가지게 될 것이고, 예뻐하게 될 거야." 하지만 나는 여전히 내 아이한테 별 느낌이 없었다. 아이를 출산하러 병원 갔을 때도 마찬가지로 무덤덤했다. 간호사가 내가 이상하게 보였던지 내게 "산모님, 아이 출산하러 오신 거 맞죠?"라고 물었다. 내가 병원 도착했을 때 어떤 산모의 진통 소리가 들려왔다. 아이 출산 후 간호사가 "산모님, 아이 한번 보세요."라고 하는데도 내가 너무 시큰둥하게 반응하니 간호사가 놀라는 것 같았다. 그러면서 내게 하는 말이 "다른 산모들은 펑펑 우는데 산모님은 어떻게 이렇게 담담하세요?"였다. 나도 내가 왜 그랬는지 잘 모르겠다. 내 기억으로는 아이와 형식적인 인사를 한 듯하다. 아이에게 "세상에 나오느라 고생했다." 이 말 한마디 한 것으로 기억된다. 내가 생각해도 아이와 첫인사치고는 너무 애정 없게 느껴진다. 사랑도 받아본 사람이 나누어줄 수 있는 듯하다. 나는 사랑과 관심을 남들처럼 풍부하게 받은 적이 없어 나의 아이에게도 그랬을지 모를 일이다.

나는 목구멍이 포도청이라 더 그랬을지 모른다. 나는 아이의 태교에도 관심을 두지 않았다. 유별난 산모들과 달리 나는 너무 태평했다. 나는 임신 초기에 하혈을 3번이나 했다. 나는 아이가 세상에 태어날 놈이면 잘 견뎌낼 거라 생각했다. 다행스럽게도 아이는 잘 버텨줬다. 병원에서는 나에게 쉬라고 조언했지만 그러지를 못했다. 그때마다 나는 주사를 맞고 계속 근무를 했다. 그래서일까? 생각보다 아이는 작게 태어났다.

임신 후 태교는 아이에게 매우 중요하다고 했는데 나는 그러지를 못해 아이에게 늘 미안했다. 아이는 엄마 뱃속에 있을 때부터 모든 것을 듣고 느낀다고 하는데 말이다. 일보다는 아이의 태교에 관심을 가졌어야 했다. 보통 부모들은 아이에게 책을 읽어주는데 나는 아이에게 한 번도 책을 읽어준 적이 없다. 엄마로서 나는 아이에게 빵점 엄마였다.

나는 아들 예방접종을 위해 어머님과 함께 소아과를 방문한 적이 있다. 그곳에서 같은 병원 산부인과에서 출산한 아이 엄마를 만났다. 서로 아이 출산에 관한 이런저런 얘기를 하다 갑자기 아이 엄마가 나에게 아들 머리를 만져보라고 하는 것이었다. 나는 호기심에 아이의 머리를 만져보니 우리 아들 머리랑 달랐다. 보통 아기의 머리는 말랑말랑한데 그 아이의 머리는 성인 머리처럼 단단했다. 나는 궁금해서 아기 엄마에게 물어봤다. "어머, 아이 머리가 왜 이래요?"라고 물었다. 아기 엄마는 아무렇지 않게 반응하길래 오히려 내가 더 민망했다. 아기 엄마의 말은 아기 건강을 위해 오메가3, 비타민, 철분제 등 좋다는 건강보조식품을 다 섭취하였다고 한다. 그분은 정보를 제대로 알아보지 않은 채 주위에서 좋다고 하니 먹었던 것이다. 아이를 위한 초보 엄마의 실수인 셈이다. 아이 엄마는 아이한테 많은 관심을 가져서 웃지 못할 일을 겪은 것이다. 그분은 출산할 때 죽다 살아났다고 했다. 그분과 달리 나는 병원에서 추천해 준 철분제, 칼슘 먹은 게 전부였다.

대다수의 부모들은 많은 애정과 관심을 가지고 아이를 키운다. 아이가 부모의 사랑을 받으면서 자라듯이 태아도 관심 속에서 무럭무럭 성장한다고 한다. 태아도 듣는다. 아이에게 사랑과 관심을 표현하기가 쑥스럽다면 하루의 일상을 들려주는 것도 하나의 방법이다. 나도 어릴 때 엄마, 아빠의 사랑 표현을 받은 기억이 없다 보니 우리 아이에게도 사랑한다는 표현을 잘하지 못했다. 엄마, 아빠가 아무리 아이를 사랑한다고 해도 표현하지 않으면 아이는 모른다. 오늘부터라도 아이에게 얼마나 애정과 관심이 있는지, 얼마나 사랑하는지 말과 행동으로 표현하자. 아이에게 최고의 선물은 부모의 관심과 사랑의 표현일 것이다.

04 육아의 기본은 믿음이다

『북유럽 스타일 스칸디 육아법』에서는 이야기한다.

"아이들은 믿는 만큼 자란다. 내 말이 아이를 망치고 있는 것은 아닌지, 아이를 못 믿는 것을 밖으로 드러내고 있는 것은 아닌지 생각해볼 일이다. 믿음이 없는 땅에서는 아무것도 열매 맺지 못한다. 믿음이 없는 땅은 불모지다. 믿음은 성장의 토대다. 그리고 많은 성장 가능성을 열어준다. 믿음이 없으면 아무것도 잉태할 수 없다. 모든 가능성은 믿음을 먹고 자란다. 또 믿는다는 것은 아이를 존중하기에 가능한 일이다. 믿음은 자존감이 자랄 수 있는 단초인 것이다. 믿어야 기다리고, 믿어야 재촉하지 않고, 믿어야 응원한다. 실수하더라도 실패하더라도 여유를 가질 수 있다. 부모로서 가질 수 있는 가장 큰 가치는 아이에 대한 믿음이다."

나는 위의 글을 읽으면서 쥐구멍이라도 찾고 싶은 심정이었다. 나는 말로만 엄마였던 셈이다. 나는 한 번도 아이에게 '엄마가 너를 믿는다.'라고 아이가 느낄 수 있도록 믿음을 준 적이 없는 것 같다. 나는 나의 내면에 불신의 씨앗을 숨겨놓고 아이를 대한 듯하다. 아이가 학교에서 평가시험을 보아도 나는 아이에게 "너 시험 못 봤지?" 하고 물었으니 말이다. "100점 받았어?", "그럴 리가 없지. 네가 집에서 공부도 안 하는데 100점이 나올 수가 없지?", "네가 어떻게 100점을 받을 수 있겠냐?"라고 나는 아이에게 말했던 기억이 떠오른다. 그럴 때마다 아이는 내게 내색은 안 했을지언정 마음의 상처를 받았을 거라 생각된다. 아이는 속으로 '엄마는 내가 무언가를 해도 믿지 않겠구나!'라고 느꼈을 것 같다. 내가 아이에게 무슨 말을 한 건지 창피하고 부끄럽다. 내 자식인데도 불구하고 내가 '안 믿어주는데 누가 믿어줄까?' 생각하니 나 자신이 답답하고 한심스럽다. 맞는 말이다. 세상에 부모가 자식을 믿어주지 않는 마당에 그 누가 믿어준다는 말인가. 나는 무심한 엄마였다.

『굿바이 학교폭력』에 있는 이야기이다. 조선 시대의 유명한 학자인 김득신은 손이 귀한 사대 명문가의 독자로 태어났다. 귀한 만큼 부모는 김득신에게 많은 기대를 걸었다. 그는 독서만큼은 남달리 좋아하고 열심히 했다고 한다. 그러나 김득신은 학습능력이 기대에 크게 못 미치는 둔재였다. 밤새도록 불을 켜고 공부를 해도 다음 날이면 책에 어떤 내용이 있었는지 기억조차 못할 정도였다고 한다. 그런 그를 쳐다보는 부모님의 마음은 어땠을까? 그가 반복하여 외우던 책은 그의 머슴이 먼저 외울 정도였으니 주위 사람들도 양자를 알아보는 게 어떻겠느냐고 걱정할 정도였다고 한다. 그러나 그의 아버지는 김득신을 나무라기보다 "공부는 과거가 목적이 아니고 꾸준히 해야 하는 것이다."라며 아들의 용기를 북돋워주고 묵묵히 지켜보았다. 부모님의 믿음과 격려 속에서 김득신은 자신의 머리나 재능을 탓하지 않고 책 한 권을 1만 번이 넘을 때까지 반복해서 독서를 했다. 그러한 열혈독서로 무려 쉰아홉 살에 문과에 급제하여 81세의 나이로 세상을 뜰 때까지 당대의 유명한 시인이자 문장가로 거듭났다고 한다.

그는 이런 말을 남겼다. "내가 남과 비교했으면 나는 학문도 모르고 15세에 죽었을 것이다." 그의 묘비명에는 "재주가 다른 이에게 미치지 못한다고 스스로 한계 짓지 말라. 나처럼 어리석고 둔한 사람도 없었을 것이지만 나는 결국에는 이루었다. 모든 것은 힘쓰고 노력하는 데 답이 있다."라고 쓰여 있다고 한다.

나는 아이가 어린이집 다녔을 때의 트라우마를 치유하기 위해 뇌 교육 수업을 등록하였다. 지푸라기라도 잡는 심정으로 시작하게 된 것이었다. 아이는 태어날 때부터 또래들보다 작게 태어나서 엄마인 나로서는 걱정이 이만저만 아니었다. 아이에게는 어린이집 생활에서의 트라우마로 상처가 깊었다. 별일 아닌데도 짜증내고, 때리고, 울기까지 하는 것이었다.

친구들이 아이한테 하는 말도 아닌데 아이는 본인이 놀림을 당한 걸로 착각하여 친구들에게 화를 내고 소리를 지르기도 했다. 이런 행동을 보였던 아이는 뇌 교육 수업을 받으면서 점점 나아졌다.

뇌 교육 중 HSP라는 프로그램이 있다. HSP는 2가지의 의미가 있다. 첫째, 건강(Health), 행복(Smile), 평화(Peace) 첫 글자를 의미한다. 둘째, 프로그램으로서의 HSP(Heightened Sensory Perception)는 '고등감각인지'라는 뜻이다. 다시 말해 인간의 오감 너머에 있는 새로운 감각을 개발함으로써 우리가 일상적으로 지각하기 어려운 대상에 대해서도 정보를 인지할 수 있는 현상을 말한다.

아이는 HSP 일지 영재가 되고자 선택을 하였다. 일지 영재란 뇌 교육 핵심 과정으로 신체, 정서, 인지에 대한 메타인지를 평가해 선발된 자기주도적 창의 융합인재를 말한다. 일지 영재가 되고 싶다고 해서 모두가 되는 것은 아니다. 일지 영재가 되기 위해서는 필수 조건이 있다. 물구나무를 서서 36걸음을 걸어야만 한다. 그것은 우리가 생각하는 것처럼 쉽지 않다. 아이는 자기 마음대로 되지 않으니 신경질도 내고, 울기도 했다. 그러면서 자연스럽게 아이는 부정적인 말도 하곤 했다.

나는 아이에게 할 수 있다는 믿음을 가지고 다시 한 번 도전해보라고 한 적이 있다. 나도 아이처럼 평소에 부정적인 말과 행동을 했던 사람이다. 나의 모습들이 아이에게 그대로 전달된 듯하다. 아이는 부모가 하는 행동을 그대로 따라 한다고 하니 말이다. 나는 아이가 자꾸 포기하려고 하는 모습을 보여 자신감을 심어주고 싶었다. 그래서 나도 모르게 아이한테 '나는 할 수 있다!'라고 되뇌이면서 집중하라고 했다. 참 신기하게도 처음으로 아이에게 너를 믿는다고 말한 것이다. 아이는 나의 말에 부응이라도 하기 위해서인지 연습을 매일매일 꾸준히 했다. 그 결과 아이는 일지 영재에 발탁되었다. '진즉에 나는 왜 몰랐을까? 아이에게 긍정적인 말과 행동을 했다면 아이가 좀 더 달라지지 않았을까?' 하는 생각이 들었다. 내가 처음으로 아이에게 "너를 믿는다."라고 말한 그 한마디가 아이의 무한한 잠재력을 깨워준 것은 아닐까 생각을 했다.

아이는 아직 미성숙한 존재다. 어른의 눈으로 아이를 바라보지 말고 아이의 생각에서 바라봐주길 바란다. 아이가 부모를 실망스럽게 할지라도 아이를 믿고 기다려주는 건 어떨까? 아이에게 믿음을 준다는 건 세상에서 가장 따뜻하고 사랑이 넘치는 에너지일 것이다. 아이는 믿는 만큼 성장한다고 한다. 어렸을 때 우리가 소원을 들어달라고 기도하는 것처럼 아이에게 계속 믿음의 말을 상기시킬 필요는 있다. 성장하면서 부모에게 믿음을 배우지 못한 아이는 성인이 되어서도 그 누군가를 만나도 믿지 못하는 사람이 될 것이다. 마음 한쪽에는 불신의 씨앗을 심어놓을 테니 말이다. 미래의 새싹인 우리 아이들에게 믿음의 싹이 쑥쑥 자라도록 넘쳐나는 믿음을 주는 부모가 되자.

05 아이는 부모의 소유가 아니다

『잘 산다는 것에 대하여』에서는 이야기한다.

"아이는 부모의 소유물이 아니다. 스스로 치열하게 살아내려는 생명과 영혼을 갖고 있는 원초적인 본능 그 자체다. 하나의 생명의 씨앗인 도토리와 같다. 어른들은 '아직 어린애잖아.' 하며 자신만의 생각으로 지나치게 과보호하지만 아이들은 한 톨의 도토리처럼 스스로 싹을 틔우고 자라나는 힘을 내재하고 있다."

부모는 아이가 태어나면 소유하기 시작한다. 아이의 의견을 존중하기보다는 주위의 시선을 의식하기 때문이다. 부모의 마음은 처음부터 그러지 않았을 것이다. 타인을 의식하면서 내 아이를 소유하려는 마음이 요동치는 것이다. 내 아이만 뒤처지는 건 아닌지 걱정하는 마음에서 시작하는 것이다. 그리하여 어릴 때부터 문화센터, 영어유치원을 보내게 된다. 나는 궁금했다. 우리나라 언어도 제대로 사용하지 못하는데 외국어인 영어만 잘하면 무엇 하냐고. 우리나라 언어인 한글은 위대한 것인데 말이다. 나는 아이한테 영어를 가르치기 전에 한글을 먼저 배우게 했다. 워킹맘이었기 때문에 내가 가르칠 수 없는 대신에 '한글이 야호 CD'를 주문하여 아이 스스로 터득하기를 원했다. 한글이 야호 CD는 아이 혼자서도 따라 할 수 있도록 쉽게 되어 있다. 반복적으로 시청하면서 아이는 혼자서도 흥얼거리며 한글을 읽기 시작했다.

KBS 2TV의 예능 프로그램 〈슈퍼맨이 돌아왔다〉에 출연했던 방송인 이휘재는 두 아들 중 한 명이라도 '나중에 난 그러고 싶지 않았는데 왜 날 유명하게 만들었느냐?'라고 물어본다면 해외로 나갈 생각이라고 말했다. 쌍둥이 아들을 사랑하는 애틋한 아빠의 마음을 느낄 수 있었다. 아이들의 일상을 블로그, 페이스북, 인스타그램 등에 올려 아이의 의견과는 상관없이 사생활이 노출되고 있는 상황이다. 스마트폰의 보편화로 인한 부작용인 셈이다. 해외에서는 아이의 개인정보를 가볍게 여기는 부모들로 인해 제재를 가하기 시작했다고 한다. 프랑스에서는 부모가 자녀 사진을 동의 없이 SNS에 올리면 최대 1년 징역에 벌금 4만 5,000유로를 내야 한다고 한다. 베트남에서도 아무리 부모라도 자녀 동의 없이 자녀의 사진을 SNS에 게재하면 부모라도 고소할 수 있다고 한다.

"당신의 아이는 당신의 아이가 아닙니다. 위대한 생명의 아들딸이지요. 아이들은 당신을 통해 왔지만 당신에게서 온 것은 아닙니다. 아이들은 당신과 함께 있지만, 당신의 것은 아닙니다. 아이들에게 사랑을 줄 수는 있지만, 생각까지 줄 수는 없습니다. 아이들도 저마다 자기 생각이 있으니까요. 아이들에게 육신의 집을 줄 수는 있지만, 영혼의 집까지 줄 수는 없습니다. 아이들의 영혼은 내일의 집에 살고 있으니까요. 아이들처럼 되려고 애쓸 수는 있지만, 아이들을 당신처럼 만들 수는 없습니다. 삶은 되돌아가거나 머물지 않고, 그저 흘러가니까요."

– 칼릴 지브란, 「아이들에 대하여」

나는 뇌 교육에서 진행하는 프로그램 중 해외캠프를 아이의 동의없이 먼저 등록한 적이 있다. 미리 이야기하면 아이가 안 한다고 할 것 같아 미리 선수친 것이다. 캠프 떠나기 한 달 전에 아이한테 말해주었더니 한마디 했다.

"엄마는 왜 내 의견은 물어보지도 않고 마음대로 등록해?"

그때 나는 전혀 개의치 않고 아이에게 당당하게 말했다.

"너한테 의견 물었으면 너는 분명히 안 간다고 했을 거니까."

나의 말을 들은 아이 얼굴은 온갖 짜증 섞인 불만 가득한 표정이었다. 아이는 화가 나면 얼굴에 다 표출되어 누구든지 아이의 상태를 알 수가 있다. 그 후에도 여전히 나는 아이 허락 없이 선 접수 후 통보를 했다. 달라진 점은 내가 말하기 전 트레이너 선생님께 아이에게 미리 정보를 흘리도록 부탁했다. 아이는 내게 반감을 가졌다. 내가 말해도 아이는 싫다고 할 것이라 판단해 선생님께 SOS를 요청한 것이다. 나의 예감은 맞았다. 트레이너 선생님의 이야기를 들은 아이는 180도로 태도가 바뀌어 자신이 먼저 가겠다고 하는 것이었다. 배신도 그런 배신이 없다. 아이들은 확실히 부모의 말 대신 선생님의 말씀을 잘 듣는 것 같다.

어렸을 적 나는 피아노를 배우고 싶었다. 하지만 집안 형편이 어려워 배울 수가 없었다. 피아노를 배우지 못한 것이 한으로 남아 있다. 그래서일까? 나는 아들한테 피아노를 배우게 하고 싶은 욕망이 솟아나기 시작했다. 아이 성격상 안 할 걸 알면서도 피아노를 배우게 하고 싶었다. 때마침 집 앞에 피아노 학원이 이사를 왔다. 바로 이때다 싶어 아이한테 물었다.

"아들, 피아노 배워 보는 건 어때?"

"싫어!"

"네 친구도 하니까 너도 해봐?"

그랬더니 딱 잘라 말하는 것이었다.

"하고 싶지 않다는데 왜 자꾸 하라고 해!"

나는 말문이 막혀 말을 할 수가 없었다. 아이가 내게 단호하게 말한 게 처음이었다. 내가 아이에게 무엇을 하라고 이야기를 하면 웬만하면 거절은 한 적이 없었다. 아이는 처음으로 나에게 거절 의사를 표시한 것이다.

아이가 무엇을 하고 싶은지 많은 대화를 가질 필요가 있다. 아이와 조금씩 관계가 어긋나기 시작하면 시간이 흐르면 흐를수록 되돌릴 수 없는 상황이 오고 만다. 부모는 내 아이가 다른 아이들보다 뛰어나길 바라고 성공하기를 바란다. 아이는 본인이 하고자, 이루고자 하는 꿈은 따로 있을 것이다. 하지만 우리가 아는 부모들은 자신이 이루지 못한 꿈을 아이가 이뤄주길 바랄 뿐만 아니라 강요하기까지 한다. 나 또한 그랬으니 말이다.

아이에게 성적 위주의 공부만 강요하다 보면 아이는 흥미를 잃어 모든 것을 싫어할지도 모른다. 세상이 달라졌다. 아이에게는 배움의 시간이 중요하다. 이젠 명문대를 나왔더라도 취업 전쟁은 불가피하다. 이미 인공지능 로봇 시대는 열렸다.

자식이 잘못되길 바라는 부모는 없다. 아이가 바른길로 성장할 수 있도록 응원하고 지켜봐주는 똑똑하고 현명한 부모가 되자.

다르게 생각하는 아이, 다르게 생각하는 엄마

법륜 스님의 '사랑의 3단계'

법륜 스님이 쓴 『엄마 수업』에서는 사랑을 3단계로 나누어 설명한다.

첫째, 정성을 기울여서 보살펴주는 사랑이다. 아이가 어릴 때는 정성을 들여서 헌신적으로 보살펴주는 게 사랑이다.

둘째, 사춘기 아이들에 대한 사랑은 간섭하고 싶은 마음, 즉 도와주고 싶은 마음을 억제하면서 지켜봐주는 사랑이다.

셋째, 성년이 되면 부모가 자기 마음을 억제해서 자식이 제 갈 길을 가도록 일절 관여하지 않는 냉정한 사랑이 필요하다.

그는 "우리 엄마들은 헌신적인 사랑은 있는데, 지켜봐주는 사랑과 냉정한 사랑이 없다. 이런 까닭에 자녀 교육에 대부분 실패한다."라고 말했다.

06 아이의 행동에는 이유가 있다

부모들은 아이가 태어나면 무엇이든 최고로 아이에게 해주려고 한다. 나도 그랬고 아마 모든 부모의 마음은 다 똑같을 것이다.

나는 아이가 중학생이 되면 핸드폰을 사주기로 약속을 했다. 세상이 뒤숭숭하니 부모들은 아이에게 핸드폰을 선물한다. 누가 '옳다, 그르다'라고 말하겠는가. 집집마다 살아가는 방식이 다르고, 집안 사정 또한 다를 테니 말이다. 맞벌이 부부에겐 아이를 돌봐줄 사람이 없다 보니 더욱더 핸드폰은 필수품이다.

처음엔 나도 고민이 많았다. 초등학생인데 핸드폰을 사줘야 하나 말아야 하나. 하지만 나는 아이가 아직 어리므로 핸드폰이 필요치 않다고 생각했다. 대신에 나는 키즈폰을 구매하여 아이에게 전달했다. 등하굣길 서비스로 아이가 안전하게 도착했다는 문자 메시지를 받으면 안심되었다. 참 좋은 세상에 살아간다고 생각하기도 했다.

아이는 학년이 오르면 오를수록 불평, 불만을 쏟아내기 시작했다. 친구들은 핸드폰을 가지고 있는데 본인만 없다고 하는 것이었다. 그렇다고 남들이 하는 거 다 할 수 없는 노릇 아닌가! 그래서일까? 아이는 하루의 일과를 마치고 집으로 돌아오면 할머니 핸드폰으로 게임을 했다. 우리 부부는 직장인의 삶을 살아감에 따라 아이가 학교, 학원을 마치고 집에 오면 무엇을 하는지 잘 몰랐다. 아이가 저녁 먹고 나면 자연스레 TV 보고 책을 읽을 것이라고 짐작만 한 것이다. 핸드폰과 사랑에 빠졌을 거라고는 생각지도 못했다.

아이가 핸드폰이 필요한 이유는 간단했다. 친구들과의 의사소통을 위해서였다. 아이는 친구들과 핸드폰 게임에 관한 이야기를 나누다 보면 혼자만 외딴섬 외톨이가 된 기분이었던 것이다. 그래서 핸드폰 게임에 더욱 집착했는지도 모른다.

아이가 문제 행동을 보이는 속마음은 다양하다. 엄마의 사랑이 그리워서, 관심을 끌고 싶어서, 자신의 영향력을 보이기 위해서일 수도 있다. 부모는 아이의 행동에서 아이 문제점을 찾기에 급급하다. 아이가 왜 그럴까? 의문을 가지지 않는다. 보통의 부모들은 자기 자신을 제대로 바라보지 않기 때문이다. 그 누가 아이의 속마음을 꿰뚫어 볼 수 있단 말인가. 신도 아닌데. 아이의 마음을 100% 이해하는 엄마, 아빠가 얼마나 될까?

세상의 모든 부모는 아이의 문제 행동을 알게 되면 해결해주고 싶은 굴뚝 같은 마음일 것이다. 아이의 속마음을 알아내는 건 부모라도 쉽지 않다. 그렇더라도 노력은 해야 한다. 먼저 아이에게 상황을 설명하고 부모가 느끼는 감정을 말해보자. 처음에는 아이가 이해하지 못할 수도 있다. 그렇더라도 반복적으로 실행하다 보면 어느 순간 아이와 부모가 원하는 긍정적인 표현을 하게 될 것이다. 이때 아이를 있는 그대로 존중하고 아이의 생각을 인정해주도록 노력하자.

부모도 사람인지라 실수할 수도 있다. 그럴 때는 자신의 실수를 인정하고 아이에게 사과해야 한다. 나도 예전에는 아이에게 실수해도 사과하지 않았을 뿐만 아니라 모른척했다. 그랬더니 아이가 "엄마는 왜! 사과를 안 하나?"라고 하는 것이었다. 나는 순간 당황해서 자리를 피한 적이 있다. 그 후로 내가 실수하거나 잘못하면 아이에게 사과한다.

나는 아이가 1명이라서 동생이 있었으면 좋겠다고 생각한 적이 있다. 외동아들이다 보니 자기중심적이고 이기적인 아이로 성장할까 봐 두렵기도 했다. 왕따로 인해 자살하는 아이들도 있으니 걱정스럽지 않을 수가 없다. 혼자보다는 함께 성장하는 것이 좋다고 생각해서 아들에게 의견을 물어본 적이 있다.

"아들, 너 동생 있으면 좋을 것 같은데?"

나는 당연히 좋다고 할 줄 알았다. 아들의 대답은 반전이었다.

"엄마, 난 괜찮아, 동생 싫어!"

아들이 앞뒤 생략하고 말하니까 누가 뿅망치로 한 대 때린 기분이었다.

"왜? 동생이 싫어? 동생이 있으면 같이 놀고 좋을 텐데!"

아들이 대답하길,

"엄마, 친구들이 그러는데 동생 있으면 내 마음대로 못 한대!"

도대체 친구들한테 무슨 소리를 들었길래 이런 말을 할까 궁금했다.

"진짜 동생 싫어?"
"응, 엄마."

나는 싫다고 말하는 아들에게 더 이상의 대화를 이어갈 수 없었다. 나는 궁금한 것이 있으면 해결해야 한다. 그렇지 않으면 머릿속에서 떠나지 않고 맴돌아 다른 일을 할 수가 없다. 나는 아들이 무슨 이유로 동생이 싫었을까? 궁금하기만 했다. 아들이 친구들한테 들은 내용은 동생이 잘못해도 친구가 혼나고, 동생이 장난감 망가뜨리고, 방을 엉망으로 만들어도 친구들이 혼난다는 것이었다. 그래서 아들은 동생이 싫다는 것이었다. 그러면서 "엄마! 나 혼자서 잘 놀아. 괜찮아."라고 말하는 것이었다.

"아들, 혼자 놀면 심심해."
"혼자서도 잘 놀아."

나는 아이와 대화를 주고받으면서 짠했다. 어째서 아이는 혼자서 놀아도 심심하지 않다는 것인지 의아했다. 곰곰이 생각하니 그동안 아들은 혼자 노는 것에 익숙해졌던 것이다. 친구 부모 또한 동생만 사랑한 것은 아니었을 텐데 아무래도 동생이 어리니까 친구보다 동생에게 관심을 더 가졌을 것이다. 아들의 친구는 동생이 태어나면서 부모의 사랑이 부족하다고 느껴 그런 말을 했을 것이다. 어느 부모가 자식을 편애하겠는가? 아이가 그런 감정을 느끼는 것은 부모가 제대로 아이의 상태를 인지하지 못하기 때문이다. 부모는 아이의 마음을 들여다봄으로써 문제 발달의 원인과 행동을 관찰해야 한다. 이유를 찾았다면, 부모는 아이가 느낄 수 있도록 많은 관심과 애정을 가져야 할 것이다.

모든 것에는 때가 있다. 아이와 최대한 많은 시간을 함께 보내도록 노력하자. 나는 직장 다니느라 아이가 어렸을 때 함께 보낸 시간이 거의 없다. 아이는 할머니, 할아버지의 보살핌 속에 성장했다. 그리하여 아이는 엄마인 나보다 할머니를 항상 먼저 찾는다. 대부분의 부모는 맞벌이로 인해 친정엄마, 육아 도우미, 시어머니께 도움을 요청한다. 퇴근하고 집에 오면 지칠 대로 지친 상태이다. 그런 상황에서 아이가 울고 그러면 만사가 귀찮다. 나도 그랬다.

아이와 짧은 시간을 보낼 수밖에 없다면 아이와 의미 있는 시간을 보내도록 하자. 자주 눈을 바라보고, 이야기를 들려주고, 아이와 눈높이를 맞춰주자. 아이는 부모가 자신을 사랑한다는 걸 느낄 것이고, 호기심도 생길 것이다.

『북유럽 스타일 스칸디 육아법』에서는 이야기한다.

"부모와 시간을 같이한 아이가 정서적, 육체적, 정신적으로 더 크게 성장할 가능성이 높다. 인지 능력이 당연히 높아지고, 역할 분담도 알게 되고, 정서적 교류도 생겨 일찍 사회성이 길러진다. 아이와 많은 시간을 보내다 보면 정서적인 친밀감이 높아진다."

07 격려와 칭찬은 아이를 춤추게 한다

육아에 있어 칭찬은 가장 필요한 요소이다. 그렇지만 하루에도 몇 번씩 속 뒤집히게 하는 아이에게 칭찬한다는 것은 쉬운 일이 아니다. 나는 아이에게 칭찬해준 기억이 거의 없는 듯하다. 하루살이 인생처럼 하루를 살아가는 게 너무 고단하고 피곤한 날들이었다. 그러다 보니 아이에게 신경 쓸 겨를이 없었다. 내 몸 하나도 감당하기 버거웠다. 아이는 나한테 칭찬을 받고 싶어 하는데도 내가 무관심으로 대응했을 수도 있다. 칭찬이라는 이 두 글자가 얼마나 위대한 힘을 발휘하는지 잘 몰랐다. 칭찬 한마디로 생각의 관점이 달라질 수도 있다는 것을 알았어야 했다.

아이는 브레인 교육에서 일지 영재를 선택하면서 많은 변화를 겪었다. 아이는 HSP 12단, 즉 물구나무서서 36걸음을 걸어야만 합격이 된다. 그런데 아이는 물구나무서기가 생각대로 되지 않자 울고 짜증내고 안 하겠다고 부정적인 말들을 쏟아내는 것이었다. 그럴 때마다 나는 욱하는 것이었다. 나는 아이에게 할 수 있다는 긍정적인 말 대신 "네가 선택한 것인데 그거 하나 못하냐!"라고 핀잔을 주곤 했다. 그러면서 "이 험한 세상을 어떻게 살아갈 수 있겠냐!"고 덧붙여 말하기도 했다. 입을 삐죽거리면서도 아이는 마음을 가다듬고 다시 도전하는 것이었다. 아이가 안 한다고 하여 진짜 안 하는 줄 알고 아이한테 상처의 말을 한 나 자신이 한심했다. 그 사건을 계기로 나는 아이에게 "할 수 있다."라고 생각하면서 도전하라는 말과 함께 "네가 노력하는 만큼 결과는 따라 온다."라고 이야기해줬다.

"자신에 대한 칭찬과 격려에 익숙한 사람만이 타인에 대한 칭찬도 가능합니다. 우리는 생각보다 나 자신을 격려해주는 시간이 부족합니다. 오늘은 거울 속의 내 눈과 눈 맞추고 나 자신을 격려해주세요. '지금 그리고 여기까지 오느라 수고 많았다.' '네가 자랑스럽다.' '너는 멋있다.'

마크 트웨인은 '한마디 격려는 우리를 한 달 동안 기쁘게 할 수 있다.'라고 말했습니다. 지그 지글러는 '적절한 순간의 진실한 말 몇 마디가 인생에 얼마나 큰 영향을 줄지는 아무도 모른다.'라고 말했습니다."

– 켄 블랜차드, 『칭찬은 고래도 춤추게 한다』

부모라면 누구나 내 아이가 건강하게 자라길 바란다. 그러다 보니 아이가 할 수 있는 일마저 부모가 대신해주는 경우가 대다수일 것이다. 아이가 길을 걷다 보면 넘어지는 경우가 종종 있다. 아이가 스스로 일어날 수 있음에도 부모가 아이를 일으켜주는 경우를 본 적이 있다. 아이 스스로 할 수 있음에도 불구하고 부모가 미리 해주면 아이는 의존적이고 소극적인 아이로 자라게 된다. 우리 아이들은 실수와 경험을 통해 성장통을 겪는다. 4차 산업혁명 시대에 살아가는 우리 아이들은 어릴 때부터 마음껏 뛰놀지를 못한다. 이미 어린이집, 사립유치원, 영어유치원을 다니면서 자연스럽게 학습에 노출되어 있다. 한글을 깨우치기 전에 이미 영어를 배우는 아이들이 대다수이다.

나는 아이에게 한글을 가르쳐준 적은 없다. 우리는 맞벌이라 아이와 지내는 시간보다 밖에서 보내는 시간이 더 많았다. 나는 평범한 엄마일 뿐이다. 아이를 앉혀놓고 가르칠 수 없는 상황이기에 대안을 찾아야만 했다. 그때 유행이던 〈한글이 야호〉 CD를 주문했고, 〈호비〉를 정기적으로 구독해서 아이 스스로 활용할 수 있게 했다. 아이는 〈한글이 야호〉 영상을 보면서 스스로 한글을 깨우친 셈이다. 아이는 할머니, 할아버지가 잘한다고 칭찬을 하니 신나서 더 잘했다.

칭찬은 고래도 춤추게 한다고 한다. 하물며 아직 감정에 익숙하지 않은 우리 아이들이야 오죽하겠는가. 격려는 하고 싶은 욕구를 일으키고, 칭찬은 끝까지 할 수 있는 용기를 심어준다고 한다. 미래의 빛이 되는 아이로 성장시키기 위해서는 엄마, 아빠인 우리가 아이에게 칭찬과 격려를 하자. 아이에게 아무런 대가 없이 칭찬과 격려를 해주도록 하며 결과만 보지 말고 노력하는 과정도 칭찬해주자.

어린 시절, 태양과 바람에 관한 우화를 기억할 것이다. 태양과 바람은 누가 더 힘이 센지 내기를 하기로 한다. 그래서 지나가는 사람의 코트를 누가 먼저 벗길 것인지 내기를 시작한다. 먼저 바람은 코트를 벗기기 위해 세게 바람을 일으키지만 그럴수록 코트를 더 여미고 움켜잡는다. 하지만 태양이 따뜻하게 비추자 코트를 바로 벗었다. 위의 태양과 바람에 관한 우화에서 볼 수 있듯이 힘과 협박을 통해 누군가를 변화시키기는 어렵다는 걸 체감했을 것이다. 격려, 칭찬, 따뜻함이 우리 아이 내면의 성장을 이끌어 갈 수 있다는 걸 깨달았을 것이다.

아이는 부모에게 칭찬과 격려를 듣고 싶은데 무관심으로 일관하게 된다면 아이는 자존감뿐만 아니라 자신감마저 점점 잃어가게 될 것이다. 부모는 아이가 잘했으면 잘했다고 칭찬을 하고, 아이가 힘들다고 칭얼거리면 격려를 해주도록 하자. 그리하면 아이는 기분이 좋아져서 더욱 신나게 집중해서 성장해나아갈 것이다. 격려와 칭찬의 힘을 기억하라. 아이의 단점을 찾기보다는 장점을 찾아 칭찬해주려고 노력하자. 그러다 보면 아이는 자신의 장점을 더욱 발전시킬 것이고, 단점을 줄이기 위해 노력할 것이다. 아이 스스로 잘 성장하기 위해서는 부모의 격려와 칭찬이 아이에게 큰 힘이 될 것이다. 유대인 부모들은 꾸지람과 질책보다는 칭찬과 격려로 아이를 키운다고 한다.

다르게 생각하는 아이, 다르게 생각하는 엄마

자존감 만렙을 위한 칭찬!! 칭찬의 기술

우리가 인정받고자 하는 욕구를 채워주는 것이 '칭찬'이고, 지지받고자 하는 그 욕구를 채워주는 것이 '격려'라고 한다. 칭찬과 격려는 부모와 자녀의 관계를 튼튼하게 이어주는 비타민과 같은 역할이라고 한다. 그러나 무분별한 칭찬은 독이 될 수도 있다. 독이 되는 칭찬보다 약이 되는 칭찬을 하도록 노력하자.

약이 되는 칭찬 3가지 법칙

1. 노력의 결과에 대해서 구체적으로 칭찬해줘라.
2. 칭찬 받을 만한 행동을 했을 때 그 즉시 칭찬하라.
3. 칭찬할 때는 비교 없이 칭찬하라.

우리는 칭찬에 대해 잘 알고 있지만 오글거리고 쑥스러워서 아이들에게 칭찬을 잘 못한다. 쑥스러워도 참고 칭찬해주는 노력을 하자. 좋은 칭찬 아끼지 말고 사랑하는 아이에게 듬뿍듬뿍 칭찬해주자. 칭찬도 연습이 필요하다. 사례를 참고하여 중요한 칭찬의 표현들을 연습해보자.

(자녀가 달리기를 잘하고 왔을 때) "엄마, 달리기 시합했는데, 2등 했다!"

칭찬 1단계 :

"우와~ 정말 멋지다. 진짜 짱인데!"

그 마음을 같이 기뻐하면서 과장되게 표현하는 것도 필요하다. 충분히 자녀의 마음을 함께 나누자.

칭찬 2단계 :

"달릴 때 떨리거나 힘들지는 않았어? 밥도 잘 먹고 운동도 열심히 하더니 체력이 좋아졌나 보네."

자녀가 열심히 달리는 과정에서 들었을 마음을 나누자.

칭찬 3단계 :

"네가 이렇게 기뻐하는 걸 보니 엄마 마음도 너무 기뻐. 엄마에게 기쁨을 나누어 주어서 정말 고마워~."

자녀의 마음과 엄마의 마음이 똑같다는 것을 표현하자.

– 출처 : 서울특별시 교육청 공식 블로그

08 세상에 완벽한 아이는 없다

대다수 부모는 자신의 아이가 완벽하길 원한다. 아이가 태어나기 전부터 고가의 육아용품을 구매하기도 한다. 아마 나도 경제적인 사정이 따라줬다면 100% 그랬을 거라 생각된다. 하지만 나는 할 수가 없었다. 나중에 알았지만, 그 고가의 물건들이 감가상각(시간의 흐름에 따른 자산의 가치 감소)이 되는 소모품임을 깨달았다. 부모들은 나의 아이만큼은 특별하게 키우기를 원하므로 고가의 비용을 결제하더라도 최고의 제품을 아이에게 선물하고자 한다. 하지만 실상은 그렇지 못하다. 아이가 성장하면 할수록 부모의 욕심은 끝도 없이 커진다. 풍선을 불면 공기가 들어가 풍선이 부풀어 오르듯이 부모의 욕심도 무궁무진하게 커지는 셈이다. 처음부터 그러지는 않았을 것이라 생각된다. 주위를 의식하다 보니 어쩔 수 없이 부모의 욕심이 커졌을 뿐이다.

나는 최근 〈한국책쓰기1인창업코칭협회(이하 한책협)〉에서 진행한 1일 특강을 들었다. 하나는 미라클 사이언스, 또 하나는 1일 책 쓰기 특강이었다. 나에게 신선한 충격을 가져다준 나의 인생의 첫 특강은 미라클 사이언스다. 나는 심장이 터지는 줄 알았다. 세상 어디에서도 듣지도 보지도 못한 강의였다. 나는 이날 나의 인생의 전환점을 찾은 셈이다. 나도 다른 엄마들처럼 아이에게 "공부해라, 공부해야 잘 살 수 있다."라고 말했던 사람이다. 나는 아이가 어린이집 트라우마로 인해 뇌 교육을 시작하면서 느낀 게 하나 있다. 사랑하는 아들이 살아가야 하는 미래는 공부만 잘해서는 안 된다는 걸 느끼고 있던 시점이었다. 한책협 김 도사님의 강의는 공부 말고 '아이의 재능을 찾아주자!'라고 확신을 하게 된 계기가 되었다.

MBC 〈교육비 절감 프로젝트! 공부가 머니?〉에 배우 임호 가족이 출연한 적이 있다. 나는 그 방송을 보는 내내 충격으로 인해 한동안 입을 다물지 못했다. 아이들은 9살, 7살, 6살이었다. 그 어린아이들이 다니는 학원만 무려 34개였다. 다른 친구들에 비하면 대치동 수준의 겉핥기 정도라는 이야기를 듣고 나도 모르게 저절로 한숨이 나왔다. 아이들은 공부하랴, 숙제하랴 밤 12시 넘어서 잔다는 것이었다.

아이들의 아동심리 검사를 진행했다. 나무 그림 심리테스트를 하였는데 결과는 충격적이었다. 아이들이 그린 나무 나이는 첫째가 300살, 둘째가 200살이라는 검사 결과가 나왔다. 아이들이 말하는 나무의 나이는 삶의 무게라는 것이었다. 아이들의 현재 삶을 반영한 결과였던 것이다. 어린아이들이 느끼기에 본인의 삶이 힘들다는 것을 느꼈던 것이다. 결국엔 임호 배우 가족은 솔루션을 통해 아이들도 행복하고 부모도 아이와 함께 소통하는 가족으로 변화가 찾아왔다.

나는 이 방송을 통해 한 가족의 문제가 아님을 느꼈다. 부모들은 내 자식만큼은 나와 다르게 살기를 바라는 마음이 클 것이다. 모든 부모가 자식이 최고의 삶을 살아가길 바라지, 가난한 삶을 사는 걸 바라지는 않을 것이다. 부모는 아이가 공부 잘해서 명문대 입학해서 졸업하고, 대기업에 취업하는 것이 행복한 삶이라고 생각할지도 모른다. 하지만 우리 아이가 살아갈 세상은 창의성 없는 주입식 교육으로는 미래를 장담할 수가 없다. 여전히 부모들은 어릴 때부터 공부를 잘해야 사회에 나가서 경쟁 사회 시스템에서 살아남을 수 있다고 생각하는 것 같다. 그렇기 때문에 아이를 만능엔터테이너처럼 모든 것을 완벽하게 잘하는 아이로 키우려고 한다. 아이들이 살아가는 4차 산업혁명 인공지능 시대에는 암기 위주 공부에만 집착해서는 살아남을 수가 없다. 공부를 잘해서 우리가 다 아는 명문대를 나왔다고 할지라도 취업 전쟁에서 승리자로 남기에는 한계가 있을 것이다. 인공지능 로봇들이 웬만한 직업들은 다 점령할 것이 불을 보듯이 뻔하기 때문이다. 그러므로 아이가 하고자 하는 것, 원하는 것을 지지해주고 응원해주는 부모가 되자.

부모는 아이를 위해서라면 무엇이든지 다 주기 위해 노력하고 헌신한다. 완벽한 아이로 키우려는 마음에 공부도 강압적으로 시킨다. 주위에서 너도나도 할 것 없이 좋다는 학원을 다 보내니 불안감에 휩싸여 아이의 의견은 무시한 채 여러 군데를 보내게 된다. 결국에 아이는 많은 스케줄로 인해 지치고, 부담감이 쌓이고 스트레스로 인해 부모와의 다툼이 잦아지는 경우가 빈번하게 생긴다. 아이를 완벽하게 키우려고 하다 보면 부모, 아이 모두 스트레스로 지쳐갈 것이다. 부모가 원하는 완벽한 아이는 세상에는 없다는 것을 알아야 한다.

부모에게 있어 자식은 전부다. 그래서 부모는 자식에게 모든 것을 건다. 아이의 성적은 부모의 관심이자 갈등의 표본이다. 부모들은 아이를 위해 학습지, 유명한 학원, 과외를 찾아 전전긍긍하기도 한다. 이런 노력에도 불구하고 아이들은 부모에게 감사하다고 생각하지 않는다. 아이도 심적으로 부담을 갖고, 학업 스트레스로 인해 고통을 받기 때문이다. 부모는 아이가 행복하게 살기를 바란다. 그런데 정작 아이들을 고통의 나락으로 떠미는 것은 부모가 아닌지 한 번쯤 생각해볼 필요가 있다.

아이는 축구를 너무 사랑한다. 아이의 꿈은 손흥민처럼 축구 선수가 되는 것이다. 그렇다고 아이가 축구 클럽에 다니는 것도 아니다. 하루는 아이가 축구 선수가 꼭 될 거라고 말하길래 너 축구 선수가 되고 싶으면 축구를 전문적으로 가르치는 곳으로 가서 등록하고 축구라는 운동을 배워야 한다고 말해준 적이 있다. 나는 아이가 전문적인 곳에서 배워야 하므로 '안 되는구나!'라고 생각하고 포기할 줄 알았다. 그런데 아이의 대답이 놀라웠다.

"엄마, 꼭 전문적인 곳에서 배워야 하는 거는 아니잖아! 꿈을 가지고 꾸준히 연습하면 되는 거야. 꿈을 향해 전진하면 되는 거야."

나는 아이가 어려 세상 물정을 모른다고 생각하고 아이의 말을 흘러버린 적이 있다. 하지만 나는 김 도사님을 만난 후에 그 당시의 아이 말을 이해하게 되었다. 정말 자신의 꿈을 포기하지 않는 한 언젠가는 그 꿈은 이루어질 것이다. 참 아이러니하게도 아이는 축구 클럽에 보내 달라는 말을 한 번도 한 적이 없다. 아이는 혼자서 꾸준히 연습하면 된다고 생각하는 것 같다.

완벽한 아이 말고 아이의 재능을 찾아주는 부모가 되는 건 어떨까. 기존의 주입식 교육 말고 아이가 원하는 것, 아이가 호기심을 가지는 것, 아이가 하고자 하는 아이의 꿈을 응원해주는 멋진 엄마, 아빠가 되자. 주위를 인식하다 보면 쉽지는 않을 것이다. 그렇더라도 사랑하는 나의 아이의 미래를 생각한다면 부모가 변해야 한다.

우리 아이를 완벽한 아이로 키우겠다는 마음을 비우고 아이가 진정으로 하고자 하는 것을 지지해주는 멋진 부모가 되자. 부모의 욕심으로 시간, 돈, 에너지 낭비를 하지 말자. 우리 아이에게는 하루 1시간이 너무나 소중하다. 사랑하는 나의 아이가 완벽한 아이가 아니더라도 자신의 꿈을 찾아 멋진 인생을 펼쳐나가길 응원해주는 엄마, 아빠 멋지지 않은가?

아이와의 소중한 시간을 흘려버리지 말자. 인공지능 로봇과 더불어 살아가기 위해서는 창의적인 아이로 성장해야 한다.

PART 2

욱하는 감정을 다스리는 부모가 되라

01 감정을 다스려야 아이가 제대로 보인다

부모들은 아이가 세상에 태어나면 완벽한 아이로 키우기를 원한다. 그러다 보니 아이의 감정보다는 부모의 감정에서 아이를 바라보게 된다. 아이가 어느 정도 성장하면 엄마들은 문화센터 프로그램을 알아본다. 내 주위에서만 그러는 게 아니다. 연예인들 또한 방송에서 아이와 함께하는 모습을 보여주기도 한다. 아이의 감정보다는 부모의 욕심에 의해 아이는 문화센터에서 하루를 보내기도 한다. 내가 직장을 다니지 않았다면 나 또한 다르지 않았을 거라 생각된다. 나는 어릴 적 집안 형편이 어려웠다. 내가 하고 싶은 것을 할 수가 없었다. 나도 나의 욕구를 채우기 위해 아이에게 똑같이 그랬을 것 같다.

『내 아이 마음 사전』에서는 이야기한다.

"심리치료의 대가인 반드폴 박사는 '감정의 홍수'는 대개 오랜 세월에 걸친 고질적이고 심각한 심리적 문제에서 파생되며, 신체적으로나 정신적으로 감정의 폭풍우에 휩싸이는 듯한 상황이라고 말한다. 마치 집이 홍수에 잠기는 것처럼 긴 시간 불쾌한 감정을 겪고 그 감정을 없애더라도 그 흔적이 남는 것이다. '감정의 홍수'는 뇌에서 위기 상황이라고 판단할 때 일어난다. 남자는 '감정의 홍수' 상태가 빨리 일어나고 여자는 '감정의 홍수' 상태에서 빠져 나오는 것이 빠르다. 왜 그럴까? 남자는 위기 상황이라고 뇌가 판단한 순간 이성적인 사고 처리를 하는 전두엽으로 피를 보내지 않는다. 대신 순간적인 도피 능력이 상승한다. 반대로 여성은 위기 상황에서 아이와 가정을 돌봐야 하는 본능 때문에 전두엽을 통해서 우선순위를 정하고 아이와 가족을 챙긴다. 특히 아이의 울음소리로 인해 마음을 진정시키는 옥시토신이 분비되면 침착하게 주위를 살핀 뒤 본능이 시키는 대로 위험을 피한다. 그래서 엄마들은 아이가 사고를 치면 참고 참다가 터뜨리지만 아빠들은 욱하고 화를 낸다. '감정의 홍수' 상태는 자극에 무조건적으로 반응하는 것이 아니다. 어떤 기억을 가지고 있는가에 따라 같은 정보에 대해서도 다른 반응이 나온다."

맞는 말이다. 남편은 별일 아닌데도 아이에게 소리부터 지른다. 말로 타일러도 될 것을 말이다. 그때마다 아이와 나는 깜짝깜짝 놀란다. 쉽게 말하면 밥상머리에서 아이는 밥을 먹어야 하는데 핸드폰에 정신이 팔려 밥은 뒷전인 셈이다. 나는 빨리 밥 먹으라고 한두 번 말한다. 그럼에도 불구하고 아이가 말을 듣지 않으면 순간 남편은 "야, 너 엄마가 몇 번을 말해야 들어! 핸드폰 뺏어 치워버리기 전에 빨리 먹어!" 아이한테 화를 낸다. 아이는 입을 삐쭉거린다. 핸드폰 게임에 집중하다 보니 밥 생각이 없었는지도 모른다. 그러나 밥상머리 예절은 지켜야 하는 것이다. 반면에 무턱대고 화를 낼 것이 아니라 아이가 이해할 수 있게 설명하면 아이는 받아들일 것이다.

과거의 나는 보통의 아이들처럼 하고 싶은 것, 먹고 싶은 것 등을 마음껏 누리지 못하여 자존감 낮은 아이로 성장하게 되었는지도 모르겠다. 나의 내면에 내가 알지 못하는 피해의식이 무의식적으로 내재되어 있는 듯하다. 나는 아이에게 매번 "너는 엄마가 하라고 하는데도 왜 안 하냐?"라고 감정적으로 말하곤 했다. 과거에 나는 집안 형편이 어려워 학교 책으로만 공부해야 했다. 나는 참고서를 사기 위해 엄마에게 몇 날 며칠을 졸랐어야 했다. 동생들은 왜 언니, 누나만 사주느냐고 매번 불만이었다. 엄마가 느끼기에 동생들은 공부는 뒷전이고 놀기만 한다고 생각했을 수도 있다. 솔직히 동생들은 공부에 흥미를 느끼지 않았다.

그때 그 시절에 비하면 우리 아이가 살아가고 있는 현재는 문명이 급격하게 발달되었다. 얼마든지 본인이 원하면 마음껏 할 수 있는 세상에 살아가는 것이다. 단, 부모가 아이를 지원해줄 능력이 있어야만 가능하겠지만 말이다. 아이는 내가 살아온 시절보다 훨씬 좋은 환경에서 살아가고 있다. 그런데 공부는 뒷전이고 오로지 핸드폰 게임만 하고 있으니 나는 화가 치밀어 올라 감정이 폭발하게 되는 것이다. 나는 아이가 자기 주도적으로 공부하고 게임을 하고 스스로 판단하여 계획하에 하길 원한다. 부모의 욕심일지는 모르지만 나는 아이가 스스로 판단하고 많은 경험을 통해 자신의 꿈을 찾길 바란다.

어느 날, 아이는 학원을 가야 하는데 핸드폰 게임에 정신이 팔려 학원 갈 시간을 놓치고 말았다. 순간 나도 모르게 또 감정이 훅 오르는 게 아닌가. 나는 아이에게 윽박질렀다. 그랬더니 아이는 참았던 서러움이 폭발했는지 아이 앞에 있던 상을 밀치는 것이었다. 나는 아이가 상을 엎은 걸로 착각하여 아이를 발로 걷어차고 말았다. 정말 순식간이었다. 나는 이성을 잃었기에 생각할 겨를이 없었다. 나 자신조차도 깜짝 놀랐다. 내가 어렸을 때 아빠가 술 드시고 오셔서 기분이 좋지 않으시면 밥상을 엎거나 엄마한테 소리 지르고 다투셨던 걸로 기억된다. 그 상황이 파노라마처럼 스쳐 지나갔는지도 모르겠다.

나는 올라온 감정을 주체하지 못하고 아이가 다니는 학원 선생님께 전화했다. "선생님, 오늘부터 아이는 수업 안 갑니다."라고 말했다. 앞에서 지켜보던 아이는 닭똥 같은 눈물만 주르륵 흘리고만 있는 것이었다. 선생님은 나의 목소리만으로 아이가 큰 잘못을 했다는 걸 눈치챘다. "어머님,

우선 진정하시고 아이 보내세요, 제가 학원에 오면 아이랑 이야기하겠습니다."라고 하시는 것이었다.

나는 전화를 끊고도 한동안 아이에게 또 폭풍 잔소리를 했다. 아이에게 "학원을 꾸준히 다닐 거면 지금 가고 안 다닐 거면 가지 마."라고 감정 실린 말투로 말했다. 아이를 아무리 사랑하는 엄마라고 해도 올라오는 감정을 조절하지 못할 때가 한두 번이 아니다. 화가 난 상태로는 객관적이고 정확하게 아이의 심리 상태를 볼 수가 없다. 아이 감정보다 본인의 감정을 먼저 내세우니 말이다.

『초보 엄마를 위한 육아 필살기』에서는 아이에 대한 화를 피하는 방법을 이야기한다.

"아이 때문에 자꾸 화가 날 때는 우선 그 상황을 피해보자. 다른 곳을 쳐다보면서 '열 번만 심호흡 후 내 뇌를 살리자.'라는 주문을 외우라. 15초만 지나면 분노의 호르몬이 없어지기 때문에 그 순간을 기다리면 된다고 한다."

나는 이 이야기에 한 표를 던진다. 뇌 교육에서 일지 영재의 부모들이 꼭 들어야 하는 뇌 교육지도사 과정이 있다. 나는 수업 중 사회자의 말에 따라 편안하게 누워 눈을 감고 심호흡을 하면서 나의 뇌에 집중하는 시간을 가져본 적이 있다. 온전히 나에게 집중하고 심호흡을 하니 마음이 편안하면서 잠이 스르륵 오는 느낌을 받았다. 똑같은 원리라고 생각된다. 나도 매번 '감정을 다스리는 엄마가 되자.'라고 다짐을 하지만 생각처럼 쉽지는 않다. 나는 사랑하는 아이를 온전히 들여다볼 수 있도록 감정을 다스리는 엄마가 되려고 노력하는 중이다.

『부모라면 유대인처럼』에서는 "부모가 화가 난 상태에서 자녀를 꾸짖거나 나무라서는 안 된다. 유대 격언 중에 '노해 있을 때 가르칠 수 없다.'라는 말이 있다. 화가 난 상태를 가라앉힌 다음에 차분한 마음으로 자녀의 잘못된 행동을 지적해야 한다."고 말한다.

감정이란 자기 의지대로 조절되는 것이 아닌데 올라오는 화를 꾹 참고 말하기가 여간 노력이 필요한 게 아니다. 부모는 아이에게 기대하는 것이 많은데 기대치에 미치지 못하니 자주 화를 내는 것이다. 아이를 사랑하는 엄마라면 화라는 감정에 휘둘리지 말고 그 감정을 잘 활용하는 법을 배워야 아이와 함께 행복할 수 있다. 엄마가 행복해야 아이도 행복할 수 있음을 잊지 말자.

02 야단친 뒤 아이의 마음을 보살펴줘라

어느 부모가 자신이 사랑하는 아이한테 야단을 치고 싶겠는가. 그렇다고 아이가 잘못하더라도 모든 것을 감싸는 부모는 없을 것이다. "세 살 버릇 여든까지 간다."라는 속담도 있지 않나. 어릴 때부터 버릇을 잘 들여야 어른이 되어서도 좋은 습관을 가진다는 의미다. 과학자들의 연구에 따르면 아이들은 한 살이나 두 살 때는 아직 자기가 누군지 스스로 깨닫거나 알지 못한다고 한다. 그러다 세 살쯤 되면 서서히 자기에 대해 알아간다고 한다. 그래서 세 살이 되면 아이 스스로 말버릇이나 행동, 습관을 몸에 익히기 시작한다고 한다.

아이는 할아버지의 사랑을 듬뿍 받으면서 성장했다. 아들이 귀한 집안이라 할아버지의 사랑을 독차지했다. 할아버지는 외출 후 귀가하시면서도 빈손으로 집으로 오신 적이 없으시다. 어렸을 때 아이는 오레오를 좋아했다. 아이가 좋아하는 걸 항상 선물로 사 오셨다. 할아버지는 아들이 하는 행동은 다 예쁘고 귀엽다고 하셨다. 아이는 할아버지가 TV를 누워서 시청하시면 꼭 할아버지 옆구리에 올라타 할아버지와 함께 TV를 봤다. 난 당황스러웠다. 그때 아이한테 야단친 적이 있다. 당장 내려오라고 해도 아이는 말을 듣지 않았다. 아버님은 웃으시면서 괜찮다고 하셨지만 나는 아이가 버릇없이 성장하는 게 싫었다. 아이를 통해 부모를 판단하게 되니까 말이다. 아이의 행동을 보면서 사람들은 '그 부모는 누굴까? 무엇을 하는 사람인데? 어떤 생각을 하는 사람들인가?'하고 판단하니까 말이다.

『아낌없이 주는 육아법』에서는 "아이는 자라면서 점점 자기 주장이 강해지고 자신이 원하는 대로 행동하려고 한다. 이때 아이의 결정이나 주장을 엄마가 원하는 방향으로 이끌기 위해 가르치고 야단쳐서는 안 된다. 엄마의 의견을 강요하고 지배하듯이 행동해서도 안 된다. 아이의 창의력이 꺾이고 자아긍정감이 낮아지면서 오히려 부모가 원하는 반대로 행동하게 된다. 아이의 행동이 엄마의 마음에 들지 않더라도 아이 스스로 선택하고 결정했다면 존중해주자. 직접 경험하고 느끼면서 주도적으로 행동하는 법을 익힐 수 있으니."라고 이야기한다.

하지만 무턱대고 아이가 하는 것을 바라볼 수는 없다. 아이는 아직 미성숙 단계라 혼자서 '옳고 그르다'를 판단하지 못한다. 아이 스스로 일상생활을 통해 경험하고 터득할지라도 올바른지 아닌지를 판단할 수 있도록 부모는 곁에서 조언해줄 필요는 있다. 아이 스스로 하나씩 배워 나가는 게 중요하더라도 부모의 역할 또한 매우 중요하다. 아이는 성장하면서 옳고 그름을 배우니까 말이다.

아들은 어릴 때부터 할머니가 키워주셨다. 아이는 엄마인 나보다 할머니를 더 의지한다. 항상 할머니가 먼저다. 아침에 잠에서 깨어난 후에도 할머니가 안 계시면 어디 가셨는지를 묻는다. 남들이 보면 엄마가 없는 줄 알 정도다. 어머님은 아들이 원하는 걸 다 들어주시는 편이다. 그러다 보니 버릇이 없기도 하다. 나는 평소에 보지 못하던 행동을 보게 되었다. 아이가 할머니한테 짜증을 내면서 화를 내는 것이었다. 순간 나는 아니다 싶어 아이를 불러서 야단쳤다. 아이는 아무 말도 하지 않고 멀뚱멀뚱 쳐다만 보는 것이었다. 물어보면 대답을 해야 하는데 눈만 동그랗게 뜨고 나만 쳐다보니 미칠 노릇이다.

나는 아이가 할머니한테 함부로 하는 행동은 용서할 수가 없다. 나는 욱하는 성격이라 말보다는 행동이 먼저 나간다. 아이를 야단친 후에는 매번 나 스스로 반성하고 후회하면서도 잘 고쳐지지 않는다. 아이를 키우다 보면 어쩔 수 없이 야단치거나 회초리를 드는 경우가 종종 있다. 그러나 이런 일이 상습적으로 이루어진다면 아이는 점점 마음의 문을 닫아버리고 아이 내면의 상처는 점점 깊어질 것이다.

『북유럽 스타일 스칸디 육아법』에서 아이를 야단친 뒤 엄마가 해야 할 행동 규칙을 알려 주는 내용이 있다. 대다수의 부모는 알고 있을 것이다. 그렇지만 행동으로 실천하지 못하고 있을 뿐이라고 생각된다. 내가 성장하면서 그런 교육에 대해 들은 적이 없어서 더더욱 그랬다. 아래 행동처럼 아이에게 시도해보는 건 어떨까. 처음에는 쉽지 않을 것이다. 그러나 엄마와 아이를 위해서 꾸준히 노력은 해보자.

"첫째, 야단친 이유에 대해 이야기해준다. 야단치고 나서 아이에게 엄마가 너를 미워해서 그런 것이 아니라고 이야기해준다. 만일 지나치게 화를 냈다면 아이에게 화낸 것에 대해 '미안하다'라고 사과한다. 이때 야단친 행동에 대해서는 사과하지 않는다.

둘째, 야단친 뒤 물품으로 보상하지 않는다. 심하게 야단친 뒤 아이에게 미안한 마음이 든 나머지 물품으로 보상하는 부모들이 있다. 그러나 이는 바람직하지 않다. 아이가 자신의 잘못에 대한 반성보다 야단의 대가를 바라게 된다.

셋째, 야단친 뒤 바로 마음을 풀어라. 야단치고 나서도 계속 화를 삭이지 못하는 부모가 있다. 이럴 경우 아이에게 불안감을 갖는다. 야단을 친 뒤 바로 마음을 풀어야 한다. 그래야 아이는 부모가 자신의 행동에 대해 화가 났을 뿐 자신을 미워하는 것은 아니라고 생각하게 된다. 따라서 아무리 화가 나더라도 잠자리까지 가져가지 않아야 한다.

넷째, 야단친 뒤 아이의 상태를 살핀다. 아이가 의기소침해하지 않는지, 우울해하지 않는지 살펴본다. 충분한 시간을 두고 아이에게 왜 야단맞았는지, 지금 기분이 어떤지, 어떤 생각이 들었는지 물어본다.

다섯째, 사랑한다고 말하고 안아준다. 부모로부터 야단을 맞은 아이의 마음은 마치 마구 구겨진 종이와 같다. 아이를 야단친 뒤에는 반드시 사랑한다고 말하고 안아주어야 한다. 아이는 부모가 말로 표현한 것만 이해할 수 있다. 따라서 굳이 말하지 않아도 아이가 내 마음을 이해해주겠지 하고 생각해선 안 된다."

아이를 키우다 보면 내 마음대로 되지 않는 것을 깨닫게 된다. 그럴 때마다 세상의 온갖 걱정, 근심을 다 떠안은 느낌이다. 아이를 야단치기 전에 왜 그런 행동을 하게 되었는지 아이의 말을 먼저 들어보자. 엄마는 아이를 야단칠 때 아이에게 상처 되지 않도록 감정을 빼고 침착하게 아이와 대화하도록 해야 한다.

아이는 사소한 일에 엄마, 아빠가 관심 가져주고 넘치는 사랑을 받을 때 행복해한다. 항상 야단친 후에는 아이에게 사랑한다고 말하고 꼬옥 안아주자. 그리하면 아이는 부모한테 서운해했던 감정이 어느새 사르르 녹을 것이다.

03 야단치는 것도 습관이 된다

나는 회사 출근으로 아이의 등굣길은 어머님이 챙겨주셨다. 아침에 아이를 깨우는 것부터 어머님이 다 해주셨다. 집 앞에 내과 병원이 있다. 내가 병원 진료를 위해 방문했을 때의 일이다. 접수하고 대기하고 있는데 간호사가 "정화 씨는 좋겠다. 시집 잘 갔어."라고 하면서 아는 척을 했다. '나를 어떻게 알지?' 의아했다. 놀랍게도 시어머니에 대해 잘 알고 계신 분이셨다. 어머님이 병원에 방문하셨을 때 나에 대해 말씀하신 듯하다. 나는 간호사에 대해 잘 모르는데. 처음에는 뭐지? 하고 생각하기도 했다. 간호사가 하는 말은 맞다. 나는 며느리이기 전에 엄마였다. 그런데도 나는 아이를 어머님께 맡기고 직장을 다녔다. 돈을 벌어야 생활할 수 있었으니 말이다. 나는 결혼 전부터 직장을 다녔으며 결혼 후에도 직장은 계속 다녔다. 내가 집에만 있었다면 우울증에 시달렸을지도 모를 일이다. 때로는 집에서 살림하는 친구들이 부럽기도 했다. 아이를 키우면서 함께하는 그들은 나에게는 그림의 떡이었다.

어머님은 아이가 태어나면서부터 온 정성을 다해 키워주셨다. 회사 사정상 나는 출산 휴가 한 달도 채우지 못하고 업무에 복귀해야 했다. 나는 남편, 아이와 함께 아래층에서 지내고 시어른들은 3층에서 지내셨다. 나의 출근으로 어머님은 3층에서 1층으로 계단을 오르락내리락하시면서 아이를 돌봐주셨다. 어머님은 무릎이 안 좋으셨다. 매일 계단을 오르락내리락하는 게 불편하셨을 것이다. 출근한 지 일주일 후에 어머님께서 3층에서 아이를 돌보시겠다고 말씀하셨다. 두 분 덕분에 아이는 할머니, 할아버지의 사랑을 듬뿍 받으면서 매일 하루가 다르게 자랐다. 아이는 우리 부부 몫까지 할머니, 할아버지의 사랑으로 웃음꽃이 활짝 핀 아이로 성장했다. 나는 두 분께 감사드린다. 두 분의 사랑으로 행복한 아이로 성장했으니 말이다. 아이가 우리와 함께 살았다면 우리 부부의 찌든 일상으로 아이에게 온갖 짜증을 해소했을 거라 생각된다.

아이는 토요일마다 오전 10시까지 보드게임 수업에 가야만 한다. 아이는 아침에 눈을 뜨면 핸드폰 게임을 하는 것으로 하루를 시작한다. 한두 번도 아니고 어떻게 해야 할지 답답한 노릇이다. 오죽하면 나는 아이 핸드폰 사용 시간을 설정해놓았을까. 그러나 소용이 없었다. 아이는 본인 핸드폰이 아닌 할머니 핸드폰을 사용했기 때문이다. 그렇다면 할머니 핸드폰에 비밀번호 잠금장치를 생각하시는 분들이 계실 듯하다. 아시다시피 어르신들은 불편해하신다. 어머님 또한 같은 생각이셨다. 나는 잠금장치를 하고 싶었으나 어머님 의견을 존중해드렸다. 어느 순간 나는 아이가 핸드폰 게임으로 인해 지각하는 게 눈에 거슬리기 시작했다. 나는 한두 번은 아이에게 "빨리 준비해서 가라."라고 좋게 말했다. 하지만 여전히 아이가 요지부동이면 나는 감정이 올라 아이를 야단치게 되는 것이었다. 그 상황에서 참지 못하고 욱하는 것이다. 아침부터 아이와 한바탕하고 나면 기운 빠지고 분위기도 안 좋다. 서로 기분 상한 상태로 하루를 보내게 된다. 나의 감정을 조금만 자제하고 아이를 타이르면 될 것을. 매번 나는 후회하고 또 후회한다.

생활하면서 아이에게 야단칠 일은 많다. 마음속으로는 야단치지 말고 좋게 타일러야지 하면서도 어느 순간에는 아이를 야단치게 된다. 별일 아닌데도 습관적으로 야단치는 나를 발견하기도 한다. 게임을 좋아하는 아이들 때문에 부모들은 한숨이 저절로 나올 거라 생각된다. 아이들은 공부는 뒷전이고 오로지 호기심, 재미로 인해 게임에 빠져드니 말이다. 아이가 좋아하는 운동이나 취미 생활을 함께 즐기는 건 어떨까. 아이 자신이 좋아하는 운동이나 취미에 시간을 할애하다 보면 게임을 하고자 하는 충동에서 멀어지게 될 거라 생각된다. 아이는 축구를 좋아한다. 하지만 나의 체력이 아들의 체력을 쫓아가질 못한다. 슬프지만 나의 현실임을 받아들인다. 나는 아들에게 축구는 아빠와 함께 하는 거라고 했다. 아이에게 관심을 가지고 함께 소통하면 아이의 마음을 이해하게 될 거라 생각된다. 아이도 엄마를 이해하고, 서로를 향한 믿음이 싹트게 될 것이다.

최근 코로나 19로 인해 아이들은 창살 없는 감옥살이 중이다. 난리도 이런 난리가 없다. 온 국민이 감옥살이 다름없는 생활을 하고 있으니 말이다. 더군다나 아이들은 학교, 학원을 가고 싶어도 갈 수 없는 상황이다. 아이들이 집에서 할 수 있는 것이라고는 독서, TV 시청, 핸드폰, 컴퓨터 게임뿐이다. 나는 아이에게 핸드폰 게임 좀 그만하고 책을 읽으면 좋겠다고 말하지만 아이는 듣는 척도 안 한다. 어른들도 답답한데 아이들이야 오죽하겠는가. 아이가 집에 있는 시간이 길어지다 보니 나는 잔소리도 늘어나고 야단치는 횟수도 늘어났다. 결국은 엄마도 아이도 스트레스이다. 나는 이 기회에 아이가 책을 통해 지혜를 얻기를 바라지만 성장기 아이들은 자기중심적 욕구가 강해서일까 본인이 하고 싶은 대로 한다. 때 마침 뇌 교육에서 코로나 19로 인해 화상 수업을 시작했다. 2시간 동안 HSP, 브레인 학습법 수업이 진행되었다. 이 시간이라도 핸드폰 게임을 하지 않으니 얼마나 다행인가. 속으로 나는 쾌재를 불렀다.

앞에서도 이야기하였듯이 아이는 축구를 너무너무 좋아한다. 아이는 축구를 하고 싶은데 밖에서 할 수 없으니 집안에서 풍선 축구를 한다. 풍선 축구란 말 그대로 축구공 대신 풍선이 공이 되는 것이다. 아이가 축구를 하게 되면 나는 아래층 사람들이 신경이 쓰인다. 층간 소음으로 인해 이웃끼리 다투고 죽이기까지 하는 무서운 현실을 뉴스에서 들은 적이 있다. 그러다 보니 아이가 풍선 축구를 하게 되면 습관처럼 잔소리에서 야단으로 이어지게 되는 나를 발견한다. 층간 소음은 겪어보지 않으면 모른다고 하지 않는가. 나도 아래층에서 살 때 위층에서 걸어 다니는 발소리에도 민감하게 반응한 적이 있어 아이에게 잔소리를 더 하는 듯하다.

『아이심리백과』에서는 올바르게 야단치는 법을 이야기한다.

"첫째, 혼내는 목적을 아이의 행동을 강압적으로 저지하는 것이 아니라, 부모로서 아이에게 세상을 살아가는 데 필요한 규칙을 가르치는 것에 두는 것이다.

둘째, 같은 잘못을 또 저지를 때를 대비해 아이와 함께 예방책을 만드는 것이다. 큰 아이가 동생을 때리면 우선 동생을 시샘하는 마음을 이해해준 후, '동생이 더 사랑받는 것 같아서 속이 상하구나. 그래도 동생은 때리면 안 돼. 정 네가 화가 난다면 그때마다 이 인형을 때리렴.' 하고 대안을 제시해주는 것이다. 그렇게 하면 아이는 잘못을 저지르지 않고도 감정을 풀 수 있다.

셋째, 아이의 이야기를 먼저 들어주어야 한다.

넷째, 무엇을 해야 하고 무엇을 하면 안 되는지 미리 아이와 약속을 해야 한다.

다섯째, 아이를 절대 사람들이 많은 곳에서 혼내서는 안 된다. 어른도 대중 속에서 수치심을 느끼면 견디기 힘든데 아이들은 오죽할까. '어린아이가 뭘 알겠어?' 하는 태도는 무척 위험하다. 이때 생긴 수치심과 모멸감으로 인해 더욱 반발할 수도 있고 반발심에 더 큰 잘못을 저지르기도 한다."

어릴 때 습관이 제대로 잡히지 못하면 평생 숙제로 남는다. 부모가 아이를 야단치는 것은 아이가 싫어서가 아니라 올바르게 성장하길 원하는 마음에 그랬다는 걸 아이에게 이야기해줘야 한다. 부모가 아이에게 야단치는 것도 습관이다. 습관처럼 아이에게 야단을 친다면 아이의 내면은 큰 상처를 받게 된다. 아이가 야단으로 인해 상처를 받았으면 부모라도 진심으로 사과를 해야 한다.

04 체벌이나 화는 절대 안 된다

부모들은 아이를 잘 키우자고 다짐을 한다. 하지만 아이를 키우다 보면 마음처럼 되지 않는다. 아이가 말썽을 부리거나 말을 듣지 않으면 부모들은 화부터 낸다. 나도 그렇다. 아이가 일을 저질렀을 때 보통 나는 감정적인 사람이 된다. 아이를 사랑하는 엄마일지라도 훅하고 올라오는 감정을 주체하지 못하는 경우가 있다. 이미 화가 난 상태이니 아이를 정확히 판단하기 어렵다. 그전에 아이가 '왜 그런 행동을 했을까?'라는 생각조차 하지 못하는 것이다.

『탈무드』에서는 "아이를 때려야 할 때는 구두끈으로 때려라."라는 말이 있다. 우리 부부는 성격이 둘 다 다혈질이라 아이한테 말보다는 행동이 먼저 나간다. 어릴 때는 할머니, 할아버지 손에 자라서 부모 무서운지 모르고 성장했다. 아이가 초등학교 입학하기 전에 아버님은 1년 정도 투병

하시다가 천국으로 가셨다. 어머님이 혼자 생활하시게 되자 우리 부부는 3층에서 어머님과 함께 생활하게 되었다. 그동안 아이에게 발견하지 못하던 모습을 보게 되었다. 그때 나는 워킹맘이라 아이에게 사랑을 제대로 준 적이 없어 항상 미안한 마음이었다. 아무리 아이에게 미안하더라도 아이의 잘못은 고쳐줘야 한다고 생각한다.

어느 날, 저녁이었다. 상 차려서 가족과 함께 저녁 식사를 해야 하는 시간이었다. 아이는 축구하는 중이니 나중에 먹자고 하는 것이었다. 그날은 아이 학습지 선생님이 오시는 날이었다. 그렇기 때문에 시간이 넉넉하지 않았다. 나는 아이에게 안 된다고 이야기하였으나 똥고집 있는 아이는 말을 듣지 않는 것이었다. 보통 엄마들도 나와 같은 마음이라 생각된다. 처음부터 화를 내거나 체벌하지는 않는다고 본다. 한두 번 말해서 아이가 말을 들으면 조용히 넘어갈 일인데 꼭 사달이 난다. 결국에 나는 아이한테 소리를 지르게 되었다. 그러면 아이는 행동을 멈춰야 하는데도 불구하고 계속 축구 연습에만 열중한다. 나는 끓어오르는 화를 억누르지 못하고 결국 회초리를 들고 말았다. 화가 머리끝까지 오르니 감정을 자제할 능력을 잃어버린 것이다. 순식간이었다. 나의 손에 들려 있던 회초리는 아이를 때리고 있었다. 아이는 아프다고 울고 난리다. 아이가 울면 행동을 멈춰야 하는데 내 감정에 충실하다 보니 폭풍의 잔소리와 함께 아이에게 화를 낸다.

나는 이럴 때마다 다짐한다. 두 번 다시는 때리는 체벌은 하지 말자고. 그렇지만 나도 인간인지라 생각 따로, 행동 따로였다. 나는 아이가 말을 듣지 않으면 순간 끓어 오르는 '화'라는 감정 조절이 잘 안 된다. 내가 성장하면서 체벌은 '사랑의 매'라고 들었다. 하지만 우리 아이가 살아가는 현실에서 체벌은 '사랑의 매'가 아니라 '폭력'이라는 말이 있다.

『내 아이 캥거루처럼 키워라』에서는 이렇게 이야기한다.

"매 맞는 어린아이는 부모님의 언행을 보고 부모님이 단단히 화났다는 걸 느끼는 정도다. 자신의 잘못 때문에 체벌을 당한다는 사실은 잘 모르고 화가 나면 자신보다 약한 사람을 때려도 된다고 배우게 된다. 즉 폭력의 당연성을 배우는 것이다. 체벌로는 아무것도 가르치지 못한다. 때린 엄마를 원망하고 서운해할 뿐이다. 또한, 폭력을 가르치게 된다."

서울시교육청에서는 2010년 11월부터 모든 초 · 중 · 고등학교에서의 체벌을 전면 금지했다. 보수 언론에서는 연일 일선 교육 현장에서 더 이상 학생들을 통제할 수 없게 될 것이고, 이로 인해 생겨날 부작용을 이야기하기도 했다. 학교만큼 뜨거운 체벌 논쟁은 '육아'에서도 존재한다.

인터넷에서 보게 된 블로그의 이야기이다.

"육아서나 전문가들의 입을 통해 체벌이 바람직하지 않고 아이는 물론 엄마에게 나쁜 영향을 미친다는 양육 정보가 많이 알려졌기 때문에 요즘은 예전에 비해 매를 드는 부모가 줄어들었다. 아이는 '맞으면서 큰다'는 체벌정당론 또한 구시대의 유물이 된 지 오래. 하지만 떠올려보자. 아이가 마트에서 뽀로로를 사달라며 뒤집어질 때, 이유 없이 떼를 쓰고 달래도 안 들을 때, 하지 말라고 했는데 빤히 쳐다보면서 그냥 해버릴 때…. 아무리 사랑스러운 내 새끼라도 순간적으로 '울컥'하는 감정을 조절하기 어려울 때가 있다. 부모도 사람이니까 아이가 자신의 잘못을 깨닫고 나중에 같은 일이 반복되지 않도록 막아야 한다는 의무와 책임감도 있다. 결론적으로 한 번도 손을 대지 않고 아이를 키우기란 정말 어렵다. 불가능할지도 모른다."

위의 이야기를 읽다 보니 문득 아들이 나에게 했던 말이 떠오른다. 툭하면 내가 아이에게 화를 내고 말 안 들으면 때린다고 하니까 경찰에 아동학대로 신고한다고 하는 것이었다. 정말 기도 안 찼다. 살다 살다 자식한테 그런 소리 들을 줄을 나는 미처 몰랐으니 말이다. 세상이 참 무섭다는 생각도 들었다. 나는 당연히 말을 안 듣고 혼날 짓을 했으면 야단맞고 체벌받아야 한다고 생각했다. 내가 성장하면서 그랬으니 말이다. 아이는 학교에서 아동폭력, 아동학대, 왕따 등에 대해 수업시간에 배우게 되었던 것이다. 시대가 바뀌었으니 나 또한 변해야 한다는 것을 잘 알고 있다. 하지만 육아에는 답이 없는 듯하다. 나에게 육아는 영원히 풀지 못하는 과제로 남을 듯하다. 아이를 키우는 부모들의 고민거리라 생각한다.

『부모라면 유대인처럼』에서는 유대인들의 교육을 들여다보며 이렇게 이야기한다.

"유대인 부모들은 아이가 잘못을 저질렀을 때 지혜의 원천인 머리를 제외하고 다른 신체 부위에 체벌을 가한다. 손으로 엉덩이를 때리며 야단을 친다. 빗자루나 회초리 등의 도구를 쓰지 않는다. 부모의 손으로 직접 때리는 것은 자녀가 미워서가 아니라 '사랑의 매'라는 것을 의미한다. 형제자매의 재능과 비교하는 일도 절대로 하지 않는다. 체벌 뒤에는 반드시 애정의 표현이 뒤따라야 한다. 사랑이 뒤따르지 않는 단순한 벌로 그친다면, 그것은 자녀들을 지배하고 개성을 억압하는 결과가 된다. 그래서 자녀를 안아주는 행위는 사랑에 대한 최고의 표현이다."

유대인 전문가들이 조언하는 '체벌의 원칙'을 정리하면 아래와 같다.

첫째, 부모가 화가 난 상태에서 자녀를 꾸짖거나 나무라서는 안 된다. 유대인 격언 중에 "아이가 노해 있을 때 가르칠 수는 없다."는 말이 있다. 화가 난 상태를 가라앉힌 다음에 차분한 마음으로 자녀의 잘못된 행동을 지적해야 한다.

둘째, 자녀의 잘못된 행동은 즉시 그 자리에서 부모가 고쳐줘야 한다. 자녀가 저지른 잘못을 차곡차곡 마음속에 쌓아놓았다가 한꺼번에 들춰내는 것은 그리 좋은 방법이 아니다.

셋째, 결과만 보지 말고 원인까지 살펴서 꾸짖어야 한다. 어린이들은 자신의 좌절된 감정을 충족하기 위해 잘못된 행동을 저지르는 경우가 많다. 부모는 자녀의 행동이 우발적인 것인지, 애정을 갈구하는 욕구를 제대로 채워주지 못해 생긴 행동이었는지를 잘 따져서 대응해야 한다.

넷째, 말과 언어 선택에 신중해야 한다. 꾸짖는 중에는 부모가 감정이 격해져서 '항상, 절대, 정말로, 반드시' 따위의 과장된 말을 하기가 쉽다. 또한 "너는 애가 어째서 '항상' 그 모양이니?" "너는 '정말' 구제불능이구나."와 같은 말을 들으면 아이는 정말 자신의 인격이 모독을 받은 기분이 들어서 오히려 반항적으로 변하기 쉽다.

나는 책 쓰기를 통해 나의 육아 방식을 되돌아보는 계기가 되었다. 아이로 인해 부모가 같이 흥분하고 화를 내서는 안 된다는 걸 알았다. 부모인 내가 감정적으로 아이에게 화를 내면 아이의 기를 죽일 뿐만 아니라 그대로 배운다는 것 또한 깨달았다. 체벌의 목적은 아이의 마음을 교정하는 것이라고 한다. 아이의 마음에 상처를 주는 체벌은 반드시 피해야 할 것이다. 체벌 후에는 반드시 부모의 사랑과 애정의 표현을 해주자. 그리고 아이를 따뜻하게 안아주도록 하자. 아이를 사랑하는 최고의 표현 방법이다.

05 눈치 보는 아이, 화내는 엄마

나에게 있어 어린 시절은 달갑지 않은 기억이다. 아빠는 내가 초등학교 6학년 때 하늘나라로 가셨다. 아빠의 빈자리로 엄마의 어깨가 천근만근이었을 거라 생각된다. 하루아침에, 전혀 준비가 안 된 상태로 엄마는 가장이 된 셈이다. 엄마는 우리를 먹여살려야 했으니 일하러 다니셨다. 아빠의 죽음으로 인해 우리 집은 가난함에서 더 가난함으로 깊숙이 빠져들었다. 그래서일까? 엄마는 우리한테 화를 자주 냈다. 일하고 돌아오셔서 방이 지저분하거나, 숙제하지 않았으면 엄마의 목소리 톤은 하이톤이 되었다. 철없는 아이 셋은 엄마가 오기만을 기다렸을 텐데 말이다.

어릴 때의 기억이 나의 잠재의식 속에 그대로 남아 있는 거 아닐까 생각해본다. 나 또한 아이에게 화를 자주 내는 편이다. 워킹맘이었을 때 퇴근하고 집에 오면 밤 10시 혹은 11시이다. 그 시간이면 아들은 꿈나라로 여행을 떠날 시간인데 잠은커녕 TV를 보거나 핸드폰 게임을 하고 있다. 나는 컨디션이 좋고 나쁨에 따라 아이에게 대하는 목소리 톤이 달라졌다. 어린 시절 나도 모르게 입력된 외부 환경 탓일 수도 있다.

자신의 마음도 모르는 엄마가 아이의 마음을 알기나 할까? 아이를 사랑한다면서 화내고 짜증내고 있지 않은지 자신을 돌아보아야 한다. 나는 아이에게 화를 내면 안 되고 차분하게 아이의 눈높이에 맞춰 이야기해야 하는 것을 가슴으로는 알고 있다. 하지만 아이가 거슬리는 행동을 하는 순간 나의 모든 이성은 마비된다.

"내가 그의 이름을 불러 주기 전에는
그는 다만
하나의 몸짓에 지나지 않았다.

내가 그의 이름을 불러주었을 때
그는 나에게로 와서
꽃이 되었다.

(… 중략 …)

우리들은 모두

무엇이 되고 싶다.

너는 나에게 잊혀지지 않는 하나의 눈짓이 되고 싶다."

– 김춘수, 「꽃」

『내 아이 마음 사전』에서는 "깊은 곳에서부터 묵은 화를 가지고 있는 사람의 화는 대부분 자신의 어린 시절과 많이 연관되어 있다."라고 말한다. 그동안 스스로 차곡차곡 쌓아놓은 묵은 화로 인하여 감정을 제대로 조절하지 못하고 아이에게 터뜨린 것이다. 엄마는 아이의 거울이다. 엄마가 웃을수록 아이도 웃고, 화낼수록 아이도 화낸다. 엄마의 표정은 아이의 거울이 된다. 아이가 건강하게 자라기 위해서는 부모의 따뜻한 보살핌이 있어야 한다. 아이는 부모의 모습을 보면서 인생을 배워 나간다.

"송아지, 송아지, 얼룩 송아지, 엄마 소도 얼룩소 엄마 닮았네."

내가 어렸을 때 불렀던 동요 중의 하나다. 화를 잘 내는 아이 역시 엄마를 닮는다. 내가 아이에게 자주 화를 내니 어느 순간 아이도 똑같이 하고 있더라. 나는 학부모 상담을 하고자 학교를 방문한 적이 있다. 그때 아이 담임 선생님께서 하신 말씀이 아들을 불러 친구들과의 행동에 대해 조언해주면 아이의 표정이 화난 얼굴이 된다고 하셨다.

부모라면 화내지 않고 아이를 잘 성장시키고 싶은 마음이다. 나는 하루에도 수천 번 아이에게 '오늘은 화내지 말자.'라고 마음속으로 다짐하곤 한다. 하지만 생각처럼 쉽지 않다. 아이를 잘 키우고 싶은 나의 욕심에 아이에게 화를 자주 낸 듯하다.

아이가 다니는 뇌 교육 선생님이 내게 하신 말씀이 있다. 한 번만 아무 말도 하지 말고 아이가 하는 그대로 지켜보고 믿어주라고 했다. 아이를 잘 성장시키고 싶다면 순간순간 엄마 스스로 화를 내지 않으려고 감정 조절을 해야 한다. 아이를 키우다 보면 화내는 건 자연스러운 일이다. 하지만 엄마가 버럭 소리 지르면서 폭발하는 순간 아이는 놀랄 뿐 아니라 그 위기를 모면하려고만 한다. 엄마가 시도 때도 없이 화를 내면 아이는 긴장과 불안감 속에 생활하게 된다. 나의 이런 행동으로 인해 아들은 별일도 아닌데, 소리 지르면서 화를 내는 것이었다. 아이도 하나의 인격체임을 잊지 말자. 엄마가 한순간의 감정으로 인해 아이에게 화를 냈다면 즉시 아이에게 미안하다고 사과하고 따뜻하게 안아주자. 나의 사랑스런 아이일지라도 하나의 인격체이므로 사랑하고 존중해주자.

미국의 심리학자 골먼은 『정서적인 지성』에서 "자신의 감정을 통제할 수 있고 불안이나 바람직한 분노를 조절할 수 있는 사람이 상대방의 감정을 잘 이해해 보다 바람직한 방향으로 관계를 맺는다."라고 말했다.

아이들은 정해진 규칙에서 벗어나고 싶은 본능이 있다. 얌전한 아이, 산만한 아이, 활달한 아이 모두 작은 일탈을 꿈꿀 것이다. 그것으로 행동을 옮기느냐 옮기지 않느냐의 차이다. 때로는 아이의 이탈로 인해 부모는 공허함, 허탈함, 허무함을 느끼게 될 것이다. 이럴 때 엄마는 판단을 잘해야 한다. 아이를 혼내야 하는지 신중하게 판단하고 선택해야 한다.

너무 잦은 훈육은 독이 되기도 한다. 차라리 아이를 믿고 기다리는 것도 하나의 방법일 수 있다. 내 아이는 혼자 판단하고 스스로 해결할 능력이 있다고 믿고 기다려보자. 엄마가 아이를 믿지 못하고 하나부터 열까지 모두 일일이 참견하고 간섭한다면 아이 스스로 문제 해결 능력을 잃게 된다. 또한, 엄마와 아이 사이에 쌓은 신뢰를 잃게 될 것이다. 한순간에 공든 탑이 무너지게 될지도 모른다. 엄마와의 신뢰를 잃어버린 아이는 주위 시선에 신경 쓰게 되고 타인의 눈치를 보는 아이로 성장하게 된다. 나 자신이 주체가 되는 삶이 아니라 남의 비위를 맞추는 아이로 자라게 된다. 자신의 아이가 이런 삶을 살아가기 원하는 부모는 없을 것이다. 당신이 사랑하는 아이가 자신의 인생에서 주인공이 되는 아이로 성장하기를 바란다면 화내는 엄마가 아닌 아이를 보듬어주는 엄마가 되어야 한다.

다르게 생각하는 아이, 다르게 생각하는 엄마

아이의 감정을 다루는 방법

감정은 누구에게나 다 있다. 굉장히 자연스러운 본능이다. 아이들은 감정조절능력이 0이다. 배고프면 울고, 기분 나쁘면 울고, 갖고 싶으면 떼쓰기도 한다. 아이를 잘 키운다는 건 적절하게 감정을 가르치고 키워주는 것이다. 대표적인 방법이 마음 읽기이다.

마음 읽기 :

아이가 느끼는 감정 그대로 인정해주자. 아이의 감정을 부정하면 안 된다. 아이가 울고, 화내고, 삐치면 대부분의 부모들은 별 것도 아니라고 말하곤 한다. 아이들은 본인이 느끼는 감정을 인정받고 수용받는다고 느끼면 감정이 가라앉게 된다.

I 메시지 :

너로 시작되는 말 대신 나로 시작한다. "너 왜 그래?", "너 뭐하는 거야?", "너 잘하는 게 뭐 있어?" 이렇게 말하기보다는 아래와 같이 말하자.

"네가 화내는 거 보니까 엄마가 기분이 안 좋다."

– EBS 〈육아학교〉

06 똑똑한 엄마는 아이와 다투지 않는다

코로나로 인해 중학교 입학이 연기된 채 반강제로 집에 감금되어 있는 아들이 있다. 아이는 매주 수요일, 목요일 학습지 수업을 한다. 수업이 끝나면 나는 아이가 학습지 숙제를 일부라도 하고 잠자리에 들기를 원했다. 하지만 아이는 본인이 하고 싶을 때 학습지를 한다. 아이는 주말에 숙제하는 습관이 생기기 시작했다. 아이는 이틀 분을 한 번에 끝내려고 하니 어려운 문제에 부닥치면 문제가 잘못되었다고 신경질을 냈다. 아이의 이런 모습을 자주 보면 나의 참을성은 한계에 다다른다. 결국에 폭발하여 아이가 숙제하던 학습지를 뺏어 치워버렸다. 또한, 나는 아이에게 폭풍의 잔소리를 잊지 않았다.

"엄마가 미리 숙제해놓고 놀으라고 했지!"

"너는 숙제도 하지 않고 온통 놀 궁리만 하고 있냐!"

아이는 울면서 나를 쳐다본다.

"엄마 나빴어, 엄마 나빠."

아이는 빨리 숙제를 마치고 놀고 싶었던 것이다. 그런데 문제가 생각처럼 잘 풀리지 않아서 짜증냈던 것이다. 엄마가 아이의 감정을 제대로 들여다보고 아이의 마음을 읽어주면 아이는 금방 마음이 사르르 녹아내려 어렵게 느껴진 문제도 쉽게 풀게 된다.

나는 아이가 자라는 동안 사랑의 표현을 제대로 해준 적이 없다. 나는 회사 일에 미쳤었다고 하는 표현이 맞을 것이다. 왜 그렇게까지 일을 했는지 모르겠다. 나는 직장을 다니면서 '남의 회사다.'라는 생각을 해본 적이 없다. 내 회사처럼 생각하고 일하였으니 야근을 밥 먹듯이 했을 것이다. 그렇다고 그들이 나에게 고마워했던 것도 아니었다. 나는 월급 받는 만큼 일하면 될 것을 왜! 바보 같은 짓을 했는지 모르겠다. 친구들은 내가 늦게까지 일하는 시간이 많아지자 그들은 나의 월급을 궁금해했다. 내가 월급을 엄청 많이 받고 회사 다니는 줄 알았던 것이다. 지인들은 내게 정해진 시간만큼 근무하고 퇴근하라는 말을 자주 했다. 내가 가정보다 일을 더 중요하게 여기는 것 같으니 한 말이었을 것이다. 그런 시간이 많아짐으로써 아이와의 관계는 점점 멀어져만 갔다.

그래서일까! 나는 아이와 대화하는 시간보다 다투었던 기억이 더 많은 듯하다. 나의 몸이 직장 스트레스로 인해 피곤하니 아이보다 나를 먼저 생각했던 것 같다. 아이가 같이 놀자고 해도 짜증부터 냈다. 아이는 혼자라서 엄마랑 놀고 싶었을 텐데 나는 나의 단잠을 깨우는 아들이 귀찮았던 것이다. 옆에 와서 같이 놀아 달라고 칭얼대자 나는 아이한테 소리 지르고 화내고 그랬다.

이런 나의 행동이 아이에게는 상처가 되었을 것이다. 또한, 아이는 엄마가 자신을 싫어한다고 느꼈을 듯하다. 더 나아가 아이는 자신을 사랑하지 않는다고도 느꼈을 것이다. 이 글을 쓰면서 느끼지만 아이 기억 속에 나의 행동들이 상처로 남아 있지 않길 바라는 마음뿐이다.

북유럽 국가들의 부모들은 절대 아이와 싸우지 않는다고 한다. 자신의 잘못된 행동을 깨닫고 반성하면서 아이 스스로 변하도록 지켜본다고 한다. 그러기 위해서 부모는 아이의 마음을 먼저 이해해주고, 같이 공감하면서 하나의 인격체로 존중해준다고 한다.

사실 보통의 부모들은 아이를 존중하기보다 부모의 감정이 먼저다. 아이를 하나의 인격체로 봐주는 것이 아니라 나의 소유로 생각하는 경우가 다반사다. 나도 아이를 나의 일부라고 생각하기도 했다. 부모가 아이를 긍정적으로 성장시키기 위해서는 아이를 하나의 인격체로 존중하는 자세가 필요하다. 부모에게 존중받은 아이는 또래 친구들에게도 좋은 영향을 끼친다.

똑똑한 부모도 아이를 때리고 울리기도 한다. 이럴 때 아이는 "엄마 미워!", "엄마 나빴어!", "이젠 엄마랑 말 안 해!", "엄마는 나 왜 낳았어!" 이런 말을 한다. 단지 아이는 부모의 인격이랑 부모의 행위를 혼동하고 있다고 한다. 아이가 불평, 불만, 짜증, 투덜거리더라도 절대 흔들리지 말아야 한다. 부모들은 자신들이 열심히 노력하고, 신경 쓰는 만큼 아이가 행복하다고 믿는다. 하지만 그런 생각은 대단한 착각의 늪이다. 부모가 아무리 지극정성 다하여 사랑하는 마음으로 아이에게 베풀었을지라도 아이는 만족하지 않을 수도 있다. 부모가 옳다고 선택한 일이지만 아이는 싫어서 거절할 수도 있다. 아이는 부모가 결정한 부분에 대해서 언제나 만족한다고 생각하지 말자. 아이가 원하지도 않을 수도 있으니 말이다.

우리 부부는 아이가 보는 곳에서 자주 다투기도 했다. 부부 사이가 원활하지 못한 부모 사이에서는 아이가 불안함을 느낀다고 한다. 아이 스스로 애정과 관심이 충분하지 못하다고 느껴 항상 공허하고 허전한 마음이 들기도 한다. 그래서일까? 우리 아이는 손톱을 물어뜯는 버릇이 생겼다. 처음에는 그러다 말겠지 했는데 초등학교 6학년까지도 그랬다. 우리 둘 다 어머님께 아들을 맡기고 나는 회사일, 신랑은 집에 있는 시간보다 밖에서 사람들과 보내는 시간이 더 많았다. 아이는 부모의 사랑과 관심을 제대로 받지 못했다. 아이는 엄마, 아빠가 자신을 사랑하지 않는다고 느껴 그 불안감으로 인해 손톱을 물어뜯는 행동을 한 거 아닌가? 하는 생각을 해본다. 또래 친구들과의 사이도 원만하지 못했다. 그렇다고 친구들을 괴롭히는 아이는 아니다. 아이가 혼자이다 보니 친구들과 어떻게 소통해야 하는지 잘 몰랐던 것이다. 다행스럽게도 뇌 교육 수업을 하면서 아들이 많이 달라졌다는 이야기를 듣게 되어 한시름 놓았다.

건강하고 올바른 아이로 성장하기를 원한다면 부모가 먼저 바뀌어야 한다. 아이는 변한 부모의 모습을 통해 감정을 다스리는 법, 또래 친구들과 사이좋게 지내는 법, 남을 배려하는 법, 다른 이들을 존중하는 법 등을 스스로 터득하게 된다.

나는 아이를 사랑하면서도 잔소리를 많이 하는 편이다. 잔소리할 때는 아이가 해야 할 일을 하지 않거나 핸드폰 게임을 많이 하는 경우이다. 나도 아들의 뇌 교육을 통해 달라지고 있다. 아들의 뇌 교육을 통해 실보다는 득이 있어서 행복하다.

『북유럽 스타일 스칸디 육아법』에서는 "엄마의 지나친 간섭과 잔소리는 금물"이라고 한다. 이러는 경우 "아이에게 부정적인 영향을 끼친다."라고 말하고 있다.

"첫째, 호기심과 동기가 줄어든다. 호기심은 끊임없는 탐구를 통해 창의적인 사고를 하는 기틀이 된다. 내면의 성장을 돕는다. 그런데 엄마가 아이의 행동 하나하나를 간섭하며 확인하게 되면 흥미와 호기심이 사라진다. 아이의 호기심과 동기 역시 줄어들 수 밖에 없다.

둘째, 혼자서 문제를 해결하는 능력이 떨어진다. 엄마의 지나친 간섭과 잔소리 속에서 자란 아이는 항상 '맞았나, 틀렸나'를 확인하기 위해 타인의 말과 행동에 신경을 쓰게 된다. 뿐만 아니라 '나는 엄마 없이 혼자서 할 수 없어.'라고 생각한다.

셋째, 엄마에게 부정적인 감정이 쌓인다. 엄마에 대한 신뢰감이 떨어진다. 그러면서 지나치게 억압받는다고 생각해 엄마에 대한 반항심이 싹트게 된다. 경우에 따라 엄마가 싫어하는 일들만 하기도 한다."

위의 3가지를 보면서 나는 반성하게 된다. 엄마 스스로 아이한테 미안함, 죄책감으로 인해 아이가 원한다고 돈으로 무마할 게 아니라는 걸 깨닫는다. 아이를 사랑한다면 엄마는 아이에게 무한한 신뢰를 보내야 한다. 엄마가 아이를 믿고 신뢰한다면 아이는 활발하고 긍정적인 아이로 성장하게 될 것이다. 북유럽 국가들의 부모들은 아이와 다투지 않고 아이를 하나의 인격체로 존중하고 신뢰한다고 한다. 이제는 아이와 다투지 말고 아이의 말을 끝까지 들어주는 엄마가 되도록 노력하자.

07 엄마의 분노, 아이의 수치심만 키운다

최근 코로나 19로 인해 의도치 않게 집에서 아이와 함께 하루 일상을 보내고 있다. 아이는 학교도 학원도 가지 않은 채 오로지 집에서 핸드폰 게임만 하고 있다. 매일 아침 일어나자마자 아이는 핸드폰을 제일 먼저 본다. 아이는 화장실을 가면서도 핸드폰을 손에서 놓지 않는다. 나는 아이에게 화장실 갈 때 핸드폰을 두고 들어가라고 말한다. 하지만 아이는 들은 척도 안 한다. 한두 번은 좋게 말하는데 반복적인 행동을 하니까 결국에 나의 분노 게이지는 상승하고 만다.

"야, 핸드폰 안 갖고 와? 엄마가 말했지."
"화장실 들어갈 때 가지고 들어가지 말라고!"
"알았다고."

아이는 대답하나 갖고 나오지는 않는다. 난 더 이상 기다리지 않고 화장실에 들어가 아이와 실랑이 후 핸드폰을 뺏어서 나온다.

아이가 스스로 해야 할 일과 하면 안 되는 일을 판단할 수 있다고 생각한다. 하지만 그놈의 핸드폰 앞에서 아이는 무방비 상태다. 우리 아이만 그러지는 않을 것이다. 대부분 부모의 공통적인 고민거리일 거라 생각된다. 인터넷 정보화 시대로 아이들은 너무 많은 정보를 쉽게 터득할 수 있다. 그렇다고 강제로 못하게 하면 또래 친구들과 거리감이 생기므로 이러지도 저러지도 못하고 있다. 아이 핸드폰은 청소년 폰이라 사용 시간을 설정할 수 있다. 하지만 소용이 없다. 아들은 본인 핸드폰 사용 시간이 제한되는 걸 알면서부터 할머니 핸드폰을 자주 사용하기 때문이다. 나는 매일 아이에게 앵무새처럼 잔소리를 한다. 아이의 핸드폰 게임으로 인해 아이는 게임 만렙, 엄마인 나는 스트레스 만렙이다.

아이에게 아무리 화가 나더라도 하면 안 되는 말이 있다. 나는 나의 분노 게이지가 컨트롤이 되지 않으면 "야! 넌 그것도 못하니?", "다른 아이들은 잘하는데 너는 왜 맨날 핑계만 대냐?", "도대체 너는 커서 뭐가 되려고 맨날 핸드폰이야?"라고 아이에게 상처 되는 말들을 하게 된다. 아이로 인해 분노가 표출된다면 잠시 그 자리를 떠나보는 것도 한 방법이다. 분노 조절은 엄마와 아이를 위한 '생존기술'이다.

류시화의 『새는 날아가면서 뒤돌아보지 않는다』에 '화'에 관한 이야기가 있다.

"사람들은 왜 화가 나면 소리를 지르는가? 사람들은 화가 나면 서로의 가슴이 멀어졌다고 느낀다. 그래서 그 거리만큼 소리를 지르는 것이다. 소리를 질러야만 멀어진 상대방에게 자기 말이 가닿는다고 여기는 것이다. 화가 많이 날수록 더 크게 소리를 지르는 이유도 그 때문이다. 소리를 지를수록 상대방은 더 화가 나고, 그럴수록 둘의 가슴은 더 멀어진다. 그래서 갈수록 목소리가 커지는 것이다."

아들과 아빠는 오랜만에 집에서 풍선 배구놀이를 한다. 아빠가 아들에게 져줘도 되는 것을 꼭 이기려고 한다. 결국에는 아들을 울린다. 아들은 아빠와 함께하는 풍선 배구놀이는 좋지만 지기는 싫다. 아들은 승부욕이 지나칠 정도로 강하다. 아이는 풍선 배구놀이를 하다가 의도치 않게 아빠 안경을 건드렸다. 아빠는 순간 욱해서 아이한테 소리를 지르고 만다.

"야, 아빠 안경은 건드리지 말라고 했지!"

아들은 아빠 눈치만 슬슬 본다. 아이는 일부러 그런 것이 아니라고 이야기하는데도 아빠는 계속 잔소리다. 둘이 풍선 배구놀이 하다가 벌어진 일인데 말이다. 결국엔 두 사람으로 인해 집안 분위기는 싸늘하다. 그 상황을 옆에서 지켜보던 나는 한마디 한다.

"그냥 있지! 왜 게임해서 사달을 만들어?"
"아들이 일부러 그런 것도 아닌데 아이한테 소리는 왜 질러!"

우리는 살다 보면 정말 별일도 아닌 것에 민감하게 반응한다. 시간이 지나서 돌이켜 보면 정말 사소한 것이다. 그런 일에 자주 화를 표출하는 건 아닌지 한 번쯤 생각해볼 일이다. 빈번하게 발생하다 보면 무의식적으로 아이한테 똑같은 행동을 하는 자신을 마주하게 될 테니 말이다.

정도언의 『프로이트의 의자』를 보면 분노라는 무의식을 다스리는 방법에 대해 이야기한다.

"깊게 숨을 쉬기 위해서는 우선 숨을 내쉬어야 한다. 숨이 차 있는데 숨을 들이쉬면 힘이 들어간다. 숨을 내쉬어야 새 숨이 들어올 공간이 생긴다. 분노했을 때 들이쉬는 숨은 세 박자, 내쉬는 숨은 다섯 박자 정도로 길이를 조정한다. 그러면서 손발이 무겁거나 따뜻해지는 느낌이 든다고 상상을 한다. 그리고 내 안의 분노가 '호랑이'라면 우리에서 뛰쳐나온 호랑이를 일단 달래서 그 안으로 다시 넣는다고 머릿속으로 그림을 그리면서 상상한다. 그 후에 우리 안에서 호랑이가 자신을 표현할 수 있도록 도와준다고 이어간다. 그것이 안전하게 분노를 내 안으로 끌어들이는 방법이다. 분노 역시 내가 만들어낸 내 마음의 자식이다."

나는 살아오면서 나를 사랑해준 적이 없는 듯하다. 나는 나 자신을 학대하기만 한 것 같다. 나는 가난에서 벗어나고 싶어 직장 다니면서도 열심히 일만 했다. 그러나 시간이 지나면 지날수록 마음만 초조하고 불안해졌다. 나이는 한 살 한 살 더 먹고 있는데 나의 상황은 달라지지 않았다. 항상 나는 제자리였다. 도대체 뭐가 문제인지 알 수가 없었다. 나는 재미도 없고 흥미도 없었다. 삶에 회의가 온 것이다. 사무실로 출근하는 날이면 나는 지옥으로 끌려가는 기분으로 하루를 보내곤 했다. 정말이지 하루하루 사는 게 죽고 싶을 만큼 고통스러웠다. 이런 생각으로 하루를 보내는 내가 아이에게 따듯하게 대해줬을 리가 없지 않는가. 아이한테 말을 해도 항상 뭔가에 화난 사람처럼 가시 돋친 말을 자주 하곤 했다. 오죽하면 아이는 나에게 "엄마는 왜 맨날 화난 말투로 말해?"라고 말한 적도 있다.

메리 라미아 저자의 『당신의 감정이 당신에게 말하는 것』에서는 "수치심은 쥐구멍에 숨고 싶어질 만큼 강렬한 자의식이다. … 수치심이 일면 자신의 존재 자체에 부정적인 감정을 품는다. 자신의 모든 것이 형편없다고 느끼며 어딘가로 숨거나 사라지고 싶어한다. … 수치심은 '나쁜' 행동과 '나쁜' 자아를 구분하지 않는다."라고 말한다.

아이에게 일부러 수치심을 주고 싶은 부모는 없을 것이다. 내면의 상처받은 아이가 있는 부모는 자기도 모르게 아이에게 수치심을 주게 된다. 엄마는 아이의 작은 실수에도 한숨을 쉬거나 화를 낸다. 이런 일이 잦아지면 아이는 자신의 존재를 수치스럽게 생각하고 낮은 자존감을 가지게 될 수도 있다. 그뿐만 아니라 자신감도 점점 낮아지는 아이로 성장하게 된다.

08 순간적인 욱하는 감정에 휘말리지 말라

나는 현재 워킹맘에서 가정주부로 위치가 바뀌었다. 직장 다닐 때처럼 숨 막히고 우울하지는 않다. 나는 1인 창업하여 성공하고 싶다. 과거의 나를 청산하고 싶을 뿐 아니라 가난한 삶에서 벗어나 경제적인 자유를 얻고 싶다. 남들처럼 좋은 집에서, 좋은 옷을 입고, 좋은 차를 타고 싶다. 한 번 태어난 인생 멋지게 살다 원래 나의 자리로 돌아가고 싶은 마음이다.

예전의 나는 우울하고 불안감에 사로잡혀 살았다. 현 상황이 불안하지 않다고 하면 거짓말이다. 당장 먹고살아야 하는데 수입이 없으니 걱정이 되는 건 마찬가지다. 그렇지만 나는 '어떻게 되겠지.'라는 생각으로 하루를 보내고 있다. 그렇다고 무의미하게 보내는 것은 아니다. 매일매일 의식도서를 읽고, 책 쓰기를 하면서 나의 꿈을 찾아 한 발짝씩 나아가는 중이다. 과거의 나라면 일자리를 알아보느라 취업 사이트를 매일 들락날락거렸을 것이다. 맞벌이로 살림하다가 외벌이로 가계를 꾸리는 것은 힘들다는 걸 다들 공감하실 것이다. 나 또한 그렇다. 그렇다고 과거처럼 직장에 얽매인 삶을 살고 싶지는 않다. 그 당시에는 먹고사는 게 급해서 지금 당장 취업하지 않으면 안 된다는 마음가짐이 더 컸다. 지금의 위기를 나의 기회로 삼아 나의 인생에서 가장 멋진 성공자의 길로 나아가고 싶다.

나는 3월 8일 하루 만에 끝내는 1인 창업 과정을 들으러 센터에 갔다. 요즘 코로나 19 바이러스 확산으로 인해 나는 대중교통 이용이 불안했다. 나는 신랑에게 도움을 요청하여 승용차로 도착했다. 나는 출발하기 전 아이에게 숙제를 끝내놓으라고 말했다. 나는 센터에 도착하여 오후 1시부터 수업을 들었다.

나는 수업이 끝나고 집으로 돌아오는 차 안에서 아들에게 전화했다. 숙제 끝냈냐고 물었더니 아들은 "아직"이라는 두 글자로 대답하는 게 아닌가. 아들이랑 통화하는 나의 목소리 톤은 올라갔다. "엄마, 5분 후 도착하니까 숙제 끝내." 말하고 전화를 끊었다. 아들이 "알았어."라고 대답해서 당연히 숙제를 끝냈겠지 생각했다.

나는 집에 도착하자마자 아이 숙제를 확인했다. 그런데 아들은 내가 문을 열자마자 내 눈치를 보았다. 아들은 숙제를 마무리하지 않고 핸드폰 게임을 하고 있었다. 나는 감정이 격해져서 숙제도 확인하지 않고 아이를 야단치고 말았다. 아이는 다른 과목은 다했고 하나만 덜 했다고 말하는 것이었다. 아이의 말을 끝까지 듣지도 않고 순간적인 감정에 휘둘려서 나는 아이를 야단친 것이다.

아이와 대화를 통해 소통하는 시간을 가지고 아이와의 관계를 믿음으로 유지해야 한다. 한순간의 감정에 휘둘려서 아이를 야단치는 일은 없어야 한다. 오늘도 나는 또 반성한다.

『엄마의 말 공부』에서 엄마에게 꼭 필요한 것, 말 공부에 대한 이야기 중 일부다. 엄마의 말 중에서 듣기 싫은 말이 무엇인지 초등학생 아이들에게 질문하였는데 아이들이 대답한 내용이다.

듣기 싫은 엄마의 말

"공부 안 하고 뭐 해?"

"숙제 언제 할 거야?"

"100점 받으면 사줄게."

"넌 몰라도 돼. 엄마가 알아서 할 테니까 넌 공부해."

"너 학원 가야겠다. 엄마가 학원 알아봤어."

"너 때문에 창피해 죽겠어. 어떻게 엄마 얼굴에 먹칠을 하니?"

"공부 못하면 사람 취급 못 받아."

"너 뭐 해먹고 살래?"

"다 널 위해서 하는 말이야."

사랑하는 우리 아이들이 이런 가슴 아픈 말을 마음에 떠안고 살아간다고 하니 마음이 짠하다 못해 아련하다. 아이들의 답변 중 내가 아들에게 했던 말도 있다. 더 이상 내가 이런 말을 아이에게 하지 않는다 해도 아이 마음속에는 내가 한 말로 인해 상처로 남아 있을 거라니 충격이다. 엄마는 세상에서 제일 따뜻하고 사랑하는 사람으로 아이의 마음에 자리잡아야 한다는 걸 『엄마의 말공부』를 통해 알게 되었다. '엄마의 말'이 아이의 하루를 결정하는 것이다. 아이와 함께 있을 때 불편한 엄마가 되지 말자고 다짐한다. 엄마는 자신의 감정을 기분대로 표출하지 말고 감정을 다스릴 줄 아는 인내가 필요하다는 것을 잊지 말자.

내가 직장 다닐 때의 이야기다. 내 회사처럼 열심히 일했다. 주변에서 보면 이상하게 생각할 정도로 일에 미쳐 지냈다. 아침에 출근해서 퇴근할 때까지 일에 집중했다. 그때는 왜 그렇게까지 일했나 모르겠다. 시간이 지나서 내가 바보 같은 짓을 한 걸 알았지만 말이다. 나는 일을 하다가도 순간적으로 감정이 올라와 전화기 너머로 통화하는 사람한테 화내고 소리 지르기도 했다. 약속한 날짜를 못 지키니 담당자에게 화를 낸 것이다. 약속이 중요하다고 생각했기 때문이다. 한두 번 죄송하다고 하는 것에 그들은 익숙해진 듯 당연하게 생각하는 것이었다. 그런 반복적인 일들로 인해 나는 스트레스를 많이 받았을 뿐만 아니라, 순간적으로 감정이 욱하는 날들이 많아졌다.

반복되는 일상에 나는 점점 지쳐갔다. 나는 출근하는 게 재미없었다. 시간이 흐를수록 나에게 회사생활은 생지옥이었다. 누구는 죽어라 일하고, 누구는 한가하게 커피 마시고, 근무시간에 영화 보고, 이어폰 끼고 음악 듣고, 그러는 모습을 보니 정말 이렇게 직장생활을 해야 하는지 회의마저 들었다. 나는 세상이 너무 불공평하다고 생각하기도 했다. 그때 나는 알았다. 회사는 아무리 열심히 일할지라도 자기주장이 강하고, 불만을 제기하는 사람은 좋아하지 않는다는 걸 말이다. 반면에 일은 못하더라도 윗상사의 말만 잘 듣는 딸랑이들을 좋아한다는 것도 알았다. 결국에 나는 그들에게 이용만 당한 노예의 삶으로 나의 소중한 시간을 허비한 것이다.

누구를 탓하랴. 모든 것은 나의 감정으로부터 비롯된 것인데 말이다. 그렇기 때문에 나를 먼저 사랑하고 다스려야 한다. 어떤 이유든 외부 환경으로부터 일어나는 짜증이나 화를 받아치는 것은 결국 나의 결정에 따른 것이다. 나 스스로 자신의 마음을 제대로 컨트롤하지 못해서 일어난 일이기도 하다. 나의 소중한 시간을 외부 환경에서 받는 스트레스로 낭비하지 말자. 순간의 감정에 휘둘리게 되면 손해는 결국 내가 보는 것임을 잊지 말자. 나를 사랑할 줄 알아야 남들도 나를 사랑하게 되니까 말이다.

일자 샌드의 저서 『서툰 감정』에서 이야기한다.

“감정은 당신이 아니다. 감정을 자신과 동일시해서는 안 된다. 감정은 우리가 소유하고 있는 어떤 것으로 정의되어야 한다. 당신이 느끼는 특별한 감정과 당신을 분리하라. 그 감정에 굴복하기를 원하는가, 아니면 그 감정에 저항하기를 원하는가? 선택권은 당신에게 달려 있다. 감정이 최고로 강렬한 상태에서는 어떤 행동도 하지 않는 것이 좋다. 강렬한 감정은 시야를 좁아지게 만들어 처음 그 감정을 일으켰던 것 이외에는 아무것도 보지 못하게 한다.”

소통과 성장을 돕는 질문의 기술

질문은 호기심이 생기거나 또 궁금한 게 있을 때 하는 것이다. 자녀와 대화를 잘 하기 위해서는 질문을 해야 한다고 한다. 질문을 활용하여 대화를 하도록 해보자. 질문에도 여러 가지 유형이 있다고 한다. 우리는 여러 가지 의도를 담은 유도 질문을 하지만, 관계도 상하지 않고 대화도 이끌어갈 수 있는 효과적인 질문을 하도록 하자.

집에서 손쉽게 간편하게 할 수 있는 효과적인 질문의 방법

1. 아이가 하는 말을 그대로 되물어주는 방법 :

"엄마, 나 배고파."

"배고프니?"

이런 되묻는 질문에 아이들은 공감과 경청, 존중을 느끼게 된다.

2. 의문사를 활용한 열린 질문하는 방법 :

"언제쯤 먹을래?", "무엇을 먹었으면 좋겠니?"

3. 선택을 할 수 있는 질문하는 방법 :

"냉장고에 돈가스와 오므라이스 재료가 있는데 뭘 먹을래?"

아이들이 마트에서 떼를 쓰는 경우, 터무니없는 걸 사달라고 할 때는 이렇게 물어보자. 차선의 방법을 선택하게 하는 질문은 떼쓰기를 멈출 수 있는 좋은 방법이다.

"이대로 갈까? 아니면 이거라도 살래?"

– 서울특별시교육청 공식 블로그

PART 3

자기 힘으로 해결하는 주도적인 아이로 키워라

01 아이를 존중해야 주도적인 아이로 성장한다

『사랑하는 아이에게 화를 내지 않으려면』에서의 일부 내용이다.

"쥐를 유리 상자에 가두어놓고 전기 자극을 주면, 처음에 쥐는 유리 상자 밖으로 나가려고 죽을힘을 다해 출구를 찾습니다. 하지만 오랜 시간이 지나도 출구를 찾지 못하면, 도망갈 수 없다는 사실을 받아들이고 고통스러운 전기 자극을 묵묵히 견뎌내지요. 이런 상황에서는 문을 열어주어도 쥐가 도망가지 않는답니다. '학습된 무력감'에 빠졌기 때문이에요. 학습된 무력감에 대해 연구한 셀리그만은 『낙관적인 아이』에서 이렇게 말했습니다. '나쁜 일이 생겼을 때뿐만 아니라, 자기 뜻과 상관없이 좋은 일이 거듭되어도 학습된 무력감이 생길 수 있다. 슬롯머신에서 동전이 쏟아져 나오고 복권에 당첨되는 등 노력하지 않았는데도 계속 돈이 생기는 사람은 절대 돈을 벌기 위해 노력하지 않는다. 또 사자에게 매일 맛있는 먹이를 가져다주면, 사자는 절대 사냥하지 않는다. 노력하지 않아도 먹이가 생긴다는 사실을 알기 때문이다.'"

일상생활에서 엄마는 아이와 지내는 시간이 많다. 엄마는 육아 스트레스, 직장 스트레스로 인해 속마음과 달리 아이에게 상처 주는 말을 하는 경우가 있다. 그 당시 아무 생각 없이 툭 내뱉은 말인데도 불구하고 아이 마음 깊숙한 곳에 송곳으로 찔린 것처럼 상처로 남는다. 엄마는 시간이 흘러 사랑하는 아이에게 상처를 준 것을 아이의 행동을 보면서 알게 된다. 나는 아이가 말대꾸하고 말을 듣지 않으면 야단을 쳤다. 내가 폭발했을 때는 회초리로 때리기도 했다. 아이의 의견을 존중하기보다는 나의 감정만 생각했다. 나의 이런 행동으로 인해 아이는 무력감에 빠졌을 것이다. 나는 아이의 의견을 무시한 적도 있다. 나는 아이가 잘못해도 조언의 말보다는 야단을 먼저 쳤으니 말이다. 아이의 의견을 무시하면 절대 안 된다. 아이가 스스로 깨닫고 이해할 때 주도적인 아이로 성장할 수 있다. 아이가 실패로 인해 좌절을 맛보더라도 엄마는 아이에게 용기와 격려를 해주어야 한다. 그로 인해 아이는 사랑받고 있음을 느낄 것이다. 아이를 존중한다는 것은 그 자체로 사랑의 표현인 동시에 감정을 교류하는 방식이다.

부모들은 하루 종일 직장에서 받은 스트레스를 안고 집으로 돌아오게 된다. 집에 돌아오면 아이의 이야기를 들어주고 함께 놀기도 해야 한다.

하지만 몸이 피곤하다는 이유로 아이와 함께하기보다는 쉬려고 한다. 나 또한 그랬다. 이럴 때 아이는 부모에게 실망하게 된다. 이런 행동이 반복적으로 발생이 되면 아이는 부모가 자신을 사랑하지 않는다고 느껴 점점 소외감을 느끼고 수동적인 아이로 성장하게 되는 것이다.

나는 직장 다닐 때 지친 몸으로 집으로 돌아오곤 했다. 아이는 그날 있었던 일을 조잘조잘 나한테 이야기하고 싶었을 것이다. 그러나 항상 나는 피곤하다는 이유로 아이에게 짜증을 내곤 했다. 그 후론 아이는 나 대신 할머니와 이야기를 나누었다. 아이는 내가 하루 일상이 어땠는지 물어봐도 대답을 하지 않았다. 내가 아이에게 했던 행동 그대로 따라 하는 것이었다. 아이는 나랑 대화를 거부한 셈이다. 아무리 피곤하고 힘들지라도 부모라면 아이가 이야기할 때는 아이의 눈을 바라보며 집중해서 들어줘야 한다. 아이는 부모가 말을 잘 들어줄 때 스스로 소중한 존재임을 알게 된다. 아이의 이야기를 잘 들어주는 부모는 주도적인 아이로 성장시킬 수 있다. 주도적으로 성장한 아이는 항상 당당하고 씩씩하고 밝은 표정이다.

교육 전문가 이수경의 인터넷 블로그에서 알게 된 내용이다. 스스로 하는 아이, 주도적인 아이로 성장시키는 방법에 관한 이야기였다.

"첫째, 아이에게 선택권을 주어 스스로 결정하게 하라. 자기 주도성은 스스로 하는 선택을 통해 키워진다. 자기 결정력이 부족하면 행복 호르몬이라 불리는 세로토닌과 의욕 호르몬인 도파민이 먼저 감소한다. 자기 주도성에 중요한 역할을 하는 도파민이 부족하면 무기력에 빠진다.

둘째, 실행하는 게 중요하다. 일단 저지르게 하라. 행동하지 않는 생각이나 아이디어는 의미가 없다. 환경을 변화시키고 바꾸려면 끈질긴 저항에 부딪히는데, 이것을 극복하려면 믿음과 의욕이 있어야 한다. 그러기 위해서는 저지르게 하라. 저지르면 몰입할 수 있고, 몰입하면 좌절을 극복하고 성취를 이루게 된다.

셋째, 경계를 허물어라. 부모가 만든 울타리는 효율적이고 안전할지 모르지만 이후 현실 체험이 범위와 방향을 만들기 때문에 아이가 기발한 생각과 체험을 하기 어렵다. 부모의 시각으로 만든 울타리에서 아이는 자신의 시각이 아닌 부모의 프레임으로 세상을 보고 판단하기 쉽다.

넷째, 조급해하지 마라. 우리 뇌는 무언가를 발견하기 위해 강제로 쥐어짤 때보다 아무 목적도 없이 놀 때 훨씬 자유롭게 활동한다. 주어진 과제를 해결하는 과정에서 뇌가 활성화된다는 것은 그 과제에 필요한 활동 외의 다른 활동은 억제된다는 것을 의미한다.

다섯째, 오감을 통해 다양하게 경험하게 하라. 자기 주도적으로 감각적 체험을 많이 한 아이는 그 감각으로 의미를 만들기 때문에 기억을 잘하고, 몸의 감각과 함께한 활동은 무의식적인 기억력을 강화하기 때문에 창의성에도 도움이 된다. 많이 시도하고 실패하는 과정에서 창의적인 변형이

가능하다.

여섯째, 과잉보호는 금물이다. 엄마가 온통 아이에게만 관심을 가지면 아이의 사고력과 창의력은 오히려 떨어진다. 자아 형성과 자기 주도성을 방해하기 때문이다. 안전을 위해 아이의 모험심을 제한하고 과잉보호하면 아이는 역경을 극복하려는 의욕과 다시 시도할 수 있는 면역력을 키우지 못하게 된다.

일곱째, 너무 빨리 해결해주지 마라. 아이에게 닥치는 문제들을 너무 빨리 해결해주면 엔도르핀이 주도하는 오피오이드 시스템은 안정되지만 도파민 시스템이 발달하지 못한다. 도파민 시스템은 아이가 불편한 것을 열심히 표현한 후 부모가 그 불편함을 천천히 해소해줄 때 형성된다."

대부분의 아이들은 자의든 타의든 상관없이 짜여진 스케줄로 시계바늘처럼 똑같은 일상을 보낸다. 나는 아들의 뇌 교육을 통해 공부보다는 많은 다양한 경험을 통해 꿈을 찾는 게 먼저라고 느꼈다. 다양한 경험과 활동을 통해 삶에 필요한 지혜를 배워나가기를 바란다. 꿈을 찾은 후에 공부해도 늦지 않다고 생각한다. 아이가 무엇을 하고 싶은지, 어떤 삶을 살아야 하는지도 모르는 채, 사회 분위기에 휩쓸려 주입식 교육에 얽매이지 않기를 바랄 뿐이다. 나는 아이가 자신의 꿈을 찾아 성장하기를 원한다. 아이가 남을 배려하고 존중하면서 주도적인 아이로 성장했으면 하는 바람이다.

02 아이 미래를 결정하는 자존감을 높여주자

자존감의 사전적 의미는 '스스로 품위를 지키고 자기를 존중하는 마음'이다. 나는 아이가 또래들보다 늦게까지 대변을 가리지 못해 불안하고 초조했다. 어린이집을 다니는 아이의 친구들은 거의 기저귀를 떼었다. 하지만 우리 아이는 여전했다. 나는 어머니와 아이를 걱정하면서 대화를 한 적이 있다. 아이는 옆에 있었으나, 우리는 대화를 이어나갔던 것이 화근이었다. 어린아이지만 본인의 이야기인 것을 눈치 챘던 것이었다. 우리는 아이를 걱정하면서 한 대화였을지는 모르지만 아이는 수치심을 느꼈을 것이다.

그 후 아이와 대변 가리는 전쟁이 시작되었다. 그전에 잘하던 응가도 우리가 있으면 안 하고 참는 것이었다. 아이가 스트레스를 받았던 걸까? 결국에 아이는 변비가 생겨 병원에 가고야 말았다. 병원에서 진료 받은 그 경험이 아이에게 충격 자체였던 것 같다. 그 후 아이는 어린이집에서 응가를 하였는데도 선생님께 말하지도 않고 숨기기 바빴다.

어린이집에서의 일을 기억하는 아이의 친구들이 있었다. 그런데 초등학교를 들어가면서 그 친구들이 아이를 놀리기 시작했다. 아이는 한 번도 내색하지 않아 잘 몰랐는데 하루는 학교 가기 싫다고 말하는 것이었다. 나는 학교 가기 싫어서 꾀병 부린다고 생각해서 아이에게 "시끄러워! 빨리 안 가!"라고 소리쳤다. 그날 아이의 이야기를 들어주지 못한 것이 나의 큰 실수였다. 시간이 지나면서 아이는 점점 신경질이 잦아지고, 짜증내는 횟수도 늘어났다. 그런 일들이 반복적으로 되풀이되니 나는 점점 아이에게 화내는 일이 잦아졌다.

아이들 중에서도 유난히 짜증을 자주 내고, 공격적인 아이, 입에 욕을 달고 사는 아이, 눈치 보는 아이들이 있다. 이 아이들의 공통점은 자존감이 낮다는 것이다. 자존감이 낮은 아이는 친구들과 원만하게 어울리지 못하고, 학교생활도 제대로 해나갈 수 없게 된다. 이런 아이는 핸드폰 게임에 빠져 중독되거나, 은둔형 외톨이가 되기도 한다.

김가녕 작가는 자존감에 대해 "자존감은 한 사람이 인생을 살아오면서 크고 작은 경험으로 인하여 내면에 만들어진 '자신을 바라보는 패러다임'이다."라고 표현했다. 즉, 자존감이 낮다는 것은 자신을 바라보는 패러다임이 낮다는 말과 같은 것이다.

김가녕 작가의 『굿바이, 학교폭력』에서는 자존감이 낮은 아이들의 5가지 특징을 다음과 같이 이야기한다.

① 부정적인 자아상을 가지고 있다.

② 불안하고 두려움이 많고 무기력하며 쉽게 포기한다.

③ 감정의 표현이 서투르다.

④ 대인관계를 어려워한다.

⑤ 스스로 불행하다고 믿는다.

이 중 가장 심각한 문제는 부정적 자아상이라고 말한다. 이유는 자기 자신의 가치를 지나치게 낮게 평가하는 데서 비롯되는 것이기 때문이다.

자존감이 낮은 아이의 자존감을 높이기 위해서는 부모의 노력이 중요하다. 아이의 상황을 주의 깊게 살펴보아야 할 것이다. 아이의 상처를 어루만져주어야 한다. 아이와 대화할 때 아이의 말을 중간에 끊어서는 절대 안 된다. 처음에는 아이가 익숙하지 않은 상황이라 말도 안 하고 눈만 말똥말똥하고 쳐다만 볼 수도 있다. 그렇더라도 아이를 다그치지 말고 기다려주자. 아이는 마음의 문을 아직 열지 않았기 때문에 시간이 필요한 것이다. 자존감은 나 자신을 사랑하는 힘이기도 하다. 아이의 자존감을 키우기 위해서는 부모의 사랑과 관심이 필요하다는 것을 잊지 말자.

『사랑하는 아이에게 화를 내지 않으려면』에서 자존감에 관련한 내용이 있다.

“자존감의 크기와 방어 행동의 크기는 반비례한다. 예컨대 어릴 때부터 사랑을 받지 못하고 거칠게 자란 사람은 자존감이 무척 낮고 눈에 띄게 방어적으로 행동한다. 자존감이 낮은 사람은 주로 극단적인 행동 양상을 보인다. 매우 공격적이고 폭력적인 사람이 있는가 하면, 매우 수동적이고 주눅이 든 사람도 있다. 또한 일에 파묻혀 사는 사람이 있는가 하면, 술에 빠져 사는 사람도 있다. 또한 자존감이 낮은 사람은 남에게 집착하고, 남을 쉽게 비난한다. 겁이 많아 소심하게 행동하고 별일 아닌 일에도 금세 우울해진다.”

나도 자존감이 낮은 사람 중의 한 사람이었다. 나는 직장 다닐 때 가정보다는 회사 일로 바쁘게 살았던 사람이다. 나는 직장생활 할 때도 점심시간에 마음 맞는 동료들과 커피를 마시면서 윗분들, 동료들을 험담하면서 직장 스트레스를 풀기도 했다. 나의 이런 행동이 집에 와서도 자주 있었으니 말이다. 아이는 부모의 뒷모습을 보고 자란다고 하지 않는가. 나는 집에 와서 좋은 이야기보다 불평, 불만을 자주했었다. 아이가 내가 하는 행동 그대로 배웠을 거라 생각하니 참담하다 못해 암담하다. 나는 나 자신을 사랑할 줄 몰랐던 것이다. 그리하여 나는 아이에게 사랑을 제대로 주지 못했다. 그래도 다행이라고 생각한다. 나 스스로 깨닫고 알고 있으니 말이다. 그나마 아이의 트라우마를 극복하기 위해 뇌 교육 수업을 한 것이 아이의 자존감을 높이는 데 한몫했다고 생각된다. 아이는 뇌 교육을 통해 짜증, 신경질, 화내는 경우가 차차 줄어들었으니 말이다.

아이는 칭찬을 통해 성장한다. 칭찬을 받은 아이는 그렇지 않은 아이보다 행복감을 더 느낀다. 칭찬받고 자란 아이는 자신을 사랑하고, 남을 배려하고, 마음이 따뜻한 아이로 성장한다. 자존감도 높아지고 자신감도 생기니까 말이다.

『아낌없이 주는 육아법』에서 아이의 자존감을 높여주는 칭찬 기술법에 알려준다. 당신도 사랑하는 아이에게 한번 활용해보는 건 어떨까?

"첫째, 사소한 일에도 칭찬을 한다. 인사를 잘하거나, 편식하지 않고 밥을 잘 먹을 때, 외출하고 들어오면 손도 잘 씻고, 양치도 스스로 한다든지, 가지고 놀던 장난감을 제자리에 잘 정돈하는 하루 일상의 사소한 일에 칭찬을 해보자.

둘째, 구체적으로 칭찬을 하는 것이 좋다. 간단명료하게 "잘했네!", "착하네!"라고 칭찬하기보다는 "스스로 정리정돈도 잘하네. 착하구나!" 아이의 행동에 대해 구체적으로 설명하면 아이는 잘 기억한다. 정확하고 구체적인 칭찬으로 아이는 무엇을 잘했는지를 알게 되고 자존감도 커진다.

셋째, 결과보다는 과정에 대해서 칭찬하라. 결과를 이루기 위한 과정에 따른 노력과 수고의 경험들을 칭찬하면서 동기를 부여해주는 것이 좋다.

넷째, 긍정적인 면을 찾아 칭찬해준다. 아이들은 한창 자랄 때라 가만히 있지 않는다. 한마디로 정신이 없다. 산만하다 못해 집중력이 떨어진다. 그럴 때마다 아이의 행동을 지적하기보다는 관심을 가지고 긍정적인 에너지로 아이의 장점을 찾아 칭찬하자."

아이의 자존감을 높이기 위해서는 무엇보다 아이에 대한 부모의 사랑과 격려, 칭찬이 매우 중요하다. 아이와 함께 시간을 자주 보내면서 사소한 일이라도 스스로 할 수 있도록 동기부여해주고 격려해주도록 하자. 아이는 실수하고 배우면서 깨닫는다. 아이가 잘못하더라도 최선을 다하는 과정을 칭찬해주자. 아이는 가장 가까운 부모에게 칭찬을 받을 때 자존감이 높아진다. 자존감이 높은 아이는 자신이 무엇을 하고 싶은지 꿈이 뚜렷하다. 부모의 자존감이 곧 아이의 자존감임을 잊지 말자. 자신을 사랑할 줄 아는 부모가 아이도 사랑할 수 있다. 부모의 자존감이 높을 때 아이에게도 높은 자존감을 물려줄 수 있다.

다르게 생각하는 아이, 다르게 생각하는 엄마

올바른 자존감 확립을 위한 십계명

1. 스스로의 이야기를 써라.

2. 자신의 가치를 깎아내리지 마라.

3. 실패를 두려워하지 마라.

4. 무엇을 원하는지 말로 표현하라.

5. 모든 것이 변한다는 것을 인정하라.

6. 수단과 목적을 혼동하지 마라.

7. 완벽해지려고 하지 마라.

8. 자신의 인생을 책임져라.

9. 자신감을 가지고 꿈을 이뤄나가라.

10. 자기 자신을 사랑하라.

– 마르조르 물리뇌프, 『내 아이의 자존감을 높이는 프랑스 부모들의 십계명』

"사람은 누구나 다 천재다. 하지만 우리가 나무에 기어오르는 능력으로써 물고기를 판단한다면, 물고기는 평생 자신이 멍청하다고 생각하며 살아갈 것이다."

– 알베르트 아인슈타인

03 아이의 말을 들어주되, 판단하지 말아라

내가 어렸을 때 아빠는 천국으로 떠나셨다. 나는 아빠의 사랑을 남들처럼 넉넉하게 받고 자라지 못했다. 그래서일까? 나는 항상 타인의 눈치를 보면서 살아온 듯하다. 나는 그들에게 잘 보이기 위해 노력하면서 살아온 것 같다. 나는 어디를 가든, 누구를 만나든, 그들의 눈치를 보고 그들의 기분을 먼저 살폈다.

학교생활도 행복한 추억은 별로 없는 것 같다. 사람들은 과거 이야기를 하다 보면 시간 가는 줄 모르고 수다를 떤다. 그러나 나는 과거의 이야기를 별로 좋아하지 않는다. 나는 별로 할 말이 없을 뿐 아니라 추억할 기억이 없다. 나는 나의 과거를 생각하면 화도 나고 짜증 난다. 나는 부모의 뒷바라지 속에 하고 싶은 공부를 마음껏 하고 싶었다. 하지만 나는 할 수 없었으니 부모 원망도 많이 했다. 나는 성인이 되어서도 먹고살기 위해 앞만 보고 달렸다.

나는 중학교 다닐 때 고등학교 진학 문제로 첫 절망의 늪에 빠졌다. 나는 일반고를 진학하고 싶었지만 그러지를 못했으니 절망감, 좌절감, 상실감을 이루 말할 수 없었다. 그때 내가 할 수 있는 거라곤 오직 공부뿐이었다. 공부라도 안 하면 미칠 것 같았으니 말이다. 지금 세상은 인터넷 정보화 시대라 인터넷 되는 곳이면 어디서든 무한한 정보를 얻을 수 있다. 그 시절 나는 라디오를 들으면서 나의 우울한 기분을 달래곤 했다. 나는 어려서도 엄마와 잘 다투었다. 나는 밥을 먹고 나면 내 방으로 들어가 나오지를 않았다. 나는 집이 싫어 친구네 가서 잠을 자기도 했다. 나는 엄마와 대화를 하면 말싸움으로 끝나는 날이 많았다. 엄마와 나는 대화를 해도 본인의 말만 하고 서로의 말을 끝까지 들어주려고 하지 않았다. 그로 인해 오해 아닌 오해가 쌓이고 대화하는 시간은 점점 멀어져갔다.

그래서일까! 나는 임신했을 때도 행복하고 온 세상을 가진 느낌이 아니었다. 대부분 아기 엄마들은 임신하면 기쁨의 눈물을 흘리고 행복함에 젖는데 말이다. 나는 정말로 표현이 안 되지만 아무런 느낌이 없었던 것 같다. 지금 생각하면 아이한테 미안하다. 나는 하혈하면서도 직장을 다녔으니 말이다. 그 당시 나의 솔직한 심정은 아이가 스스로 잘 버틸 거라는 생각이 들었다. 세상에! 이런 엄마가 있을까 싶다. 나는 아들이 세상 밖으로 나왔는데도 기쁘다는 감정을 느끼지 못했다. 어릴 적 나의 잠재의식 속에 각인된 엄마와의 대화 부재로 인해 아이에게도 영향을 끼친 것 같다.

누군가의 말을 들어준다는 것은 생각만큼 쉽지는 않다. 누군가의 이야기를 들어주려고 할 때도 나의 감정이 먼저이다. 나의 기분에 따라 컨디션에 따라 달라지기 때문이다. 나는 컨디션에 따라 아이에게 대하는 태도도 달라졌던 거 같다. 기분이 좋으면 아이한테 상냥하면서 따뜻하게 대해 줬고, 기분이 우울하거나 짜증 나면 아이에게 툴툴거리기도 하고 보드게임 함께 하자고 하면 혼자 하라고 했으니 말이다. 하루는 내가 아이에게 아이의 학교생활을 물어본 적이 있다. 하지만 아이는 나의 질문에 대답하기는 커녕 모른다고 일관하기 일쑤였다. 내가 아이에게 한 행동 그대로 나에게 했던 것이다. 나는 아이에게 했던 나의 행동을 되돌아보았다. 그동안 내가 피곤하다는 이유로 아이의 말을 들으려고 하지도 않았으니 말이다.

아무리 피곤하고 힘들지라도 아이와 이야기할 때는 아이의 눈을 바라보며 집중해서 아이의 이야기를 들어줘야 한다. 아이는 부모가 말을 잘 들어줄 때 사랑받는다고 느낀다. 아이는 부모와의 대화 속에 사랑과 행복을 느끼게 될 것이다. 세상 그 무엇과도 바꿀 수 없는 사랑스러운 내 아이, 반짝반짝 빛나게 하는 힘은 아이와 소통하는 것이다.

『엄마의 화는 내리고, 아이의 자존감을 올리고』에서 아이와 이야기를 할 때 다음 방법을 따라 해보길 권한다. 한번 아이와 대화할 때 시도해보는 건 어떨까.

"첫째, 조용히 내 마음속의 아이에 대한 사랑을 느껴본다. 아이의 존재를 음미하여 아이의 체취와 기운을 느낀다.

둘째, 아이가 무슨 말을 하는지, 그 말 너머에는 무엇이 있는지, 아이의 마음속까지 들여다보기 위해 집중한다.

셋째, 아이가 하는 말을 듣는다. 친구와 다툰 이야기를 할 때 편을 들지 말고 그냥 아이의 기분에만 맞춰준다. "그래서 화났구나.", "심했네.", "기분이 상했겠다." 이런 말을 할 때 목소리 톤에 주의해야 한다. 심판관처럼 판단하지 말고 단언해서도 안 된다. 그저 아이의 감정을 받아주고 교감을 하면 된다.

마지막, 이런 식으로 대응할 때 어떤 기분이 드는지 내 마음을 관찰한다. 해결책을 제시하지도 않고 대화를 주도하지도 않으며 답을 내지 않을 때의 기분 말이다."

'에이! 별거 아니네.' 하고 생각할 수도 있다. 하지만 우리는 알면서도 실천하지 않는 일들이 얼마나 많은가. 부모들은 아이가 세상에 태어나면 욕심 없이 아이가 무럭무럭 건강하게 자라기만을 바란다. 그러나 막상 주위에서 이런저런 이야기를 듣게 되면 조바심이 생긴다. 나의 의견과 달리 의도치 않게 외부 시선으로 인해 아이를 대하게 되는 경우가 대다수이다. 아이의 말을 경청하는 게 쉽다고 생각할 수 있다. 하지만 실상은 그렇지 않다. 아이에게 관심을 가져야만 가능한 일이다. 아이가 부모의 말을 잘 들어주기를 바라기 전에 부모가 아이의 말을 잘 들어주면 아이도 바뀔 것이다. 아이와 있을 때는 아이에게만 집중해보자. 아이와 이야기를 할 때 서로의 눈을 맞추면서 대화를 해보자. 아이의 말을 잘 들어주되, 판단하지는 말자. 엄마가 아이의 말을 잘 들어주는 것만으로도 아이는 온 세상을 다 얻은 기분일 것이다. 아이는 엄마가 자신의 이야기에 귀 기울여주고, 아이의 감정만 이해해주어도 자신의 의견을 잘 말할 수 있는 아이로 자랄 수 있다.

아이가 외출하고 돌아오면 따뜻하게 "잘 다녀왔어?", "오늘 별일 없었어?", "오늘 고생했어!"라고 먼저 말을 해보자. 엄마가 현관 앞에서 아이를 따뜻하게 안아주고 인사하면 아이는 엄마의 사랑과 함께 안정감을 느낄 것이다. 아이에게 그날 있었던 우울한 기억, 나쁜 기억은 사라질 것이다. 하지만, 현대를 살아가는 부모들은 대다수가 맞벌이다. 그렇다고 해서 아이에게 관심이 없으면 안 된다. 평일이 힘들면 주말이라도 아이와 함께 시간을 보내면서 아이의 눈높이에 맞춰 공감하는 대화를 하자. 대화하는 중에 아이의 속마음을 꺼내보도록 유도하는 건 어떨까. 부모들이 모르는 아이 내면의 상처가 자라고 있을 수도 있으니 말이다. 나는 아이와의 대화가 필요함을 절실히 느꼈다. 아이 내면의 상처가 언어로 표출되기도 했으니 말이다.

04 책 읽어주는 엄마보다 질문하는 엄마가 되라

처음부터 책을 좋아하는 아이는 없다. 나 또한 그렇다. 나는 학교 다닐 때부터 책이랑은 거리가 멀었다. 내가 읽은 책이라고는 학창 시절에 공부하던 교재가 전부이다. 친구들은 소설책, 동화책, 에세이, 수필 등을 읽기도 했다. 나는 이상하게도 교재 이외의 책들은 멀게만 느껴졌다. 나에게는 공부하기에도 부족한 시간이었다. 나의 소중한 시간을 다른 책들을 읽는 시간으로 낭비하고 싶지 않았던 것 같다.

내가 책을 안 좋아하는데 아이에게 책 읽으라고 하는 것은 무리가 있지 않을까. 내가 성장해온 시절이랑 아이가 살아가는 지금은 시대가 달라도 너무 다르다. 지금은 아이들의 마음을 어떻게 잘 아는지 만화책이라고 같은 만화책이 아니다. 아이들이 좋아하는 마법 천자문 시리즈가 있다. 나는 이 책도 아이를 통해서 알게 되었다. 아이가 친구네 다녀온 후에 마법 천자문을 사 달라고 하는 것이었다. 인터넷에서 검색해보니 만화책이라

구매를 꺼렸는데 세상에 내가 알던 만화책이 아니었다.

나는 학교에서 책을 읽고 독후감 써오라고 하면 정말 죽을 맛이었다. 책을 펼쳐서 읽어 내려가면 숨이 탁탁 막히는 느낌을 받기도 했다. 빽빽한 글을 보고 있노라면 잠은 어찌 쏟아지는지 책만 펼치면 잠이 스르륵 들었다. 까만 것은 글씨요, 하얀 것은 종이였다. 나도 어릴 때 가득하게 채워진 글자를 보면 한숨이 저절로 나왔는데 신세대 아이들이라고 다르겠는가.

아이는 학습지를 통해 한자를 배우고 있었다. 나는 '마법 천자문' 만화책과 한자를 연결하여 공부하면 좋겠다는 생각을 하였다. 처음에는 만화책이라 거리감이 있었다. 하지만 시대가 시대인 만큼 새로운 트렌드에 맞춰 아이의 교육도 달라져야 한다는 것을 느끼기도 했다. 만화책이라고 무조건 거부감을 가지면 안 된다. '마법 천자문' 시리즈는 스토리 구성이 잘되어 있어 아이가 호기심을 가지고 재밌게 읽었다. 아이는 학습지랑 마법 천자문 한자를 연동시켜 스스로 공부를 했다. 서점에 가보면 만화책으로 구성된 책들이 널려 있다. 그 책들의 내용을 살펴보면 스토리 구성이 알찬 것들이 생각보다 많다. 아직 책이랑 익숙하지 않은 아이에게 처음부터 텍스트로만 가득한 책을 권한다면 아이는 거부감을 느끼게 된다. 그것은 오히려 아이에게 역효과를 일으킬 수 있다. 처음에는 아이가 관심을 가지는 책, 아이의 호기심을 유발하는 책으로 유도하는 것이 좋다.

아이는 태어나서 눈높이 도서로 책과의 인연을 맺었다. 그 도서는 엄마가 아닌 선생님이 읽어주셨다. 나는 아이보다는 회사 일에 집중했으니 말이다. 나는 아이의 사고력을 키우기 위해서는 어린 시절부터 책을 자주 접해야 한다는 걸 잘 알고 있다. 내가 못하니까 나는 학습지 선생님의 도움을 받았을 뿐이다. 아무리 그래도 그렇지 아이에게는 엄마의 목소리가 더 기억이 남을 텐데 말이다. 아이에게 책을 읽어준다는 것은 사랑의 표현이기도 하다. 엄마와 아이의 끈끈한 친밀감의 표시이기도 하다. 나는 한창 아이와 친밀감을 쌓아 나가야 하는 시기였음에도 의도치 않게 아이와 거리감을 만들게 되었다.

엄마들은 아이가 태어나면 아이를 위해 전집을 구매하여 아이에게 책을 읽어주기도 한다. 나는 경제적인 여유가 없었기 때문에 차선책으로 대여하는 방법을 선택했다. 나는 아이와 함께 주말이면 집 근처의 구청 도서관을 방문했다. 구청 도서관에서는 2권을 대여할 수 있었다. 일주일에 2권이면 나쁘지 않다고 생각했다. 집에는 아이를 위한 책들이 넉넉하지 않았다. 그래서인지 아이는 책에 별로 흥미를 보이지 않았다. 엄마인 나조차도 어릴 때 책을 좋아하지 않았는데 아이한테 억지로 책을 보게 할 수는 없는 노릇 아닌가. 나는 대여한 책을 아이에게 읽어주기도 하고, 아이가 읽을 수 있도록 유도하기도 했다. 엄마의 노력에도 아이는 책에는 관심이 없고 오로지 밖에서 뛰놀고 싶어했다.

"독서는 인간이 가질 수 있는 최고의 무기다. 그래서 자녀에게 줄 수 있는 최고의 선물은 독서 습관이다. 아이가 1살이며 하루 1권의 책을 읽는다. 아이가 2살이면 하루 2권의 책을 읽는다. 1년이면 730권이다. 하루에 나이만큼만 책을 읽으면 7세까지 10,220권의 누적 권수가 쌓인다. 평생 책을 읽지 않고 자란 사람과 1만 권 이상 책을 읽은 사람은 사는 세상 자체가 다르다. 어쩌면 두 사람은 평생 만날 수조차 없을지 모른다. 전혀 다른 곳에 살고 있을 테니까."

– 이상화, 『평범한 아이를 공부의 신으로 만든 비법』

아이는 초등학교를 입학하면서 한 달에 한 권씩 책을 읽고 독서록을 작성해야만 했다. 책은 아이들이 도서관에서 읽고 싶은 것을 골라서 읽으면 되는 것이었다. 처음에는 만화로 그려진 책들을 읽었다. 내 기억으로는 『사이언스 톡톡』이었던 걸로 기억한다. 아이 친구들은 이미 『사이언스 톡톡』을 읽은 친구들이 대다수였다. 그런데 우리 아이는 학교 입학해서 알았으니 엄마인 내가 한심해 보였을지도. 나는 진짜로 일만 했던 사람이다. 그럼에도 불구하고 아이가 건강하게 잘 자라준 것에 나는 고맙다. 우리는 아이들한테 책 읽고 독서록을 작성하라고만 한다. 아이가 책을 읽고 나면 책 내용에 대해 아이와 대화를 해본 적 있는가? 아무도 없다고 하면 거짓말일지도 모른다. 하지만 소수에 불과할 뿐이다. 우리 주위의 아이들을 둘러보면 시험에 관련된 책 위주로 읽는 것을 보게 된다. 그런 아이들에게 책 내용에 대해 질문이 가능할까? 아마 그들은 공부할 시간도 부족하다고 하소연할 것이다.

나는 며칠 전 뇌 교육 트레이너 선생님이 실리콘밸리 초등학생들이 필수로 배운다는 질문법의 정체에 관한 영상을 보라고 보내 주셨다. 그 영상을 보다가 관련된 영상을 추가로 보게 되었다. 그것은 〈왜 우리는 대학에 가야 하는가 5부 – 말문을 터라〉라는 영상이었다. 2013년 6월 EBS 방송국에서 기자들에게 영상을 하나 보여줬다. 그 영상은 2010년 서울에서 열린 G20 폐막 기자 회견장에서의 일이다. 미국 대통령 오바마는 한국 기자들에게 훌륭한 개최국 역할을 해줬으니 질문을 하라고 했다. 하지만 한국 기자 그 누구도 나서지 않자, 중국 기자가 일어서서 아시아 대표로 질문해도 되겠냐고 물었다. 오바마는 한국 기자에게 질문을 요청했다고 말하며 다시 한국 기자에게 질문 없냐고 재차 물었으나 아무도 나서지 않았다. 결국에 질문 권한은 중국 기자에게 넘어갔다. 그 영상을 본 기자들은 의견을 나누었다. 한국 사람들은 질문을 잘 안 한다고 했다. 질문하는 건 내가 부족함을 남들 앞에 드러내는 거라고 말하기도 했다. 말은 안 하더라도 비아냥거리거나 눈치를 주기도 한다고 했다. 한 기자는 우리한테는 질문도 답인 것 같다고 말하기도 했다.

나는 이 영상을 보면서 우리가 살아가는 현실의 민낯을 보는 기분이었다. 그동안 우리는 질문조차 생각할 기회가 없었다. 아니다. 질문할 기회를 막아버린 것이다. 중학교 때부터 시험, 즉 성적 위주의 주입식 교육으로 인해 아이들은 질문을 생각하는 대신 정답만 찾았던 것이다. 정답만 확인하는 시험지 앞에서 질문이란 애당초 불필요한 것이었는지도 모른다. 이미 정답은 정해져 있으니 아이들은 굳이 질문할 생각조차 안 했을지도.

나는 아이에게 책을 읽은 후 내용을 이야기해 달라고 한 적이 있다. 나도 책을 읽고 나면 생각이 나지 않는데 아이는 당황스러웠을 것이다. 『하루 10분 생각습관 하브루타』에서는 책 내용을 이야기하는 것은 의미가 없다고 한다. 한두 페이지를 읽다가 아이가 궁금한 것을 질문하면 받아주고, 또 부모가 질문하는 것이 좋다고 한다. 아이와 함께 책 읽으면서 질문하는 엄마가 되는 노력을 하자. 아이가 정해져 있는 답을 찾는 것이 아니라 질문을 통해 해결책을 찾아가는 생각의 영역을 키워줘야 한다. 질문한다는 것은 집중하고 있다는 뜻이고 경청하고 있다는 신호이기도 하다.

다르게 생각하는 아이, 다르게 생각하는 엄마

질문하는 방법

나는 직장생활로 바쁜 맞벌이 엄마, 아빠들에게 『하루 10분 생각습관 하브루타』에서 말하는 아이와 함께 책을 읽으면서 질문하는 것을 추천하고자 한다. 방법은 아래를 참고하여 시도해보자.

"아이와 함께 책을 읽으면서 또는 읽어주면서 질문을 나누어봅시다. 아이가 궁금한 것을 물어보면 답을 알고 있든 모르든 대답을 하지 말고 그 질문을 되물어주세요.

아이 : "○○이가 왜 ~했을까요?"

부모 : "글쎄, ○○이는 왜 ~했을까?"

되물어주면 아이가 궁리하게 되고 그에 대한 대답을 하게 됩니다. 또는 아이에게 부모가 질문을 해보세요."

05 타인의 시선을 의식하지 않는 아이로 키워라

나는 어릴 때부터 집이 가난해서 남의 눈치를 보면서 살아온 듯하다. 어릴 적 나는 비닐하우스 집에서 살았다. 초가집은 알고 있을지 모르지만, 비닐하우스 집은 생소할 것이다. 다들 비닐하우스라고 하면 농작물들이 자라는 그 비닐하우스로 생각할 것이다. 2020년 시대를 살아가는 사람들은 '거짓말 하네.'라고 할지도 모르겠다. '조선 시대도 아니고 무슨 비닐하우스 집이야!' 하고 생각할 것이다. 하지만 사실이다. 내 기억으로, 우리 가족은 남의 집에서 살았기 때문에 집 주인이 오자 집을 내어주어야 했던 것 같다. 그리하여 밭에다 비닐하우스로 집을 만든 것이다. 다섯 식구 살아가는 데 문제없었다. 비가 오나 눈이 오나 먹고 자고 생활하는 데는 지장이 없었지만, 여름에는 덥고 겨울에는 추웠다. 그래도 비와 눈을 피할 수 있는 공간이 있다는 게 어딘가. 그때는 어려서 잘 몰랐다.

나는 친구 집으로 놀러 간 적은 있어도 우리 집으로 친구를 초대한 적은 없다. 솔직하게 말하면 가난이 창피해서 그랬다. 그래서였을까? 공부만큼은 또래 친구들한테 지고 싶지 않았다. 아니 지기가 싫었다. '너희 집이 가난해서 너는 공부도 못하는구나!' 이런 소리 듣기 싫었는지도 모른다. 내가 학교 다닐 때만 해도 선생님들은 공부 잘하는 아이들만 예뻐했다. 공부를 잘하거나 집안 환경이 좋으면 모든 것이 만사 오케이였다.

『엄마의 화는 내리고, 아이의 자존감을 올리고』에서 사람마다 창피하게 생각하는 상황이 다르다고 말한다. 당신은 어떤 경우에 창피한지 생각해 보자.

1. 아이가 한겨울에 샌들을 신고 나가거나 햇볕이 쨍쨍한 날 장화를 신고 나갈 때인가?
2. 학교 선생님으로부터 아이가 말썽만 피우고 공부할 생각은 전혀 하지 않는다는 말을 들을 때인가?
3. 평소에 온순하던 아이가 갑자기 친구를 때렸다거나 마트에서 장난감을 사 달라고 바닥에 드러누워 소리를 지를 때인가?

4차 산업 시대를 살아가는 우리 아이들이 나는 안쓰럽다. 아이의 의견은 무시된 채 주위 시선에 의해 밖으로 내몰리는 상황이니 말이다. 나는 학교를 시골에서 다녔기 때문에 지금 아이들처럼 학원에서 시간을 보내지는 않았다. 가능했다 할지라도 나는 다니지 못했을 것이다. 우리 때는 학교 교재로만 공부했다. 부족한 부분을 채우기 위해 서점에 가서 전과 혹은 참고서 정도만 사서 공부했다. 그때는 지금처럼 사교육 열풍이 심한 시절이 아니었기 때문에 학원의 필요성을 체감하지 못했을 수도 있다. 현시대를 살아가는 부모들은 학교 수업으로는 턱없이 부족하다고 느낀다. 부모들은 아이를 위한다는 명목으로 학원, 과외 등 빵빵이 돌리는 것이다. 외부에서 들려오는 소식은 부모들을 가만히 내버려두지 않는다. 누구는 어디를 다니고, 누구는 과외를 받는다는 새로운 소식이 들릴 때마다 우리 아이만 뒤처지는 것이 아닌지 걱정한다. 그리하여 부모들은 아이의 학원을 또 알아보고 스케줄을 조정하기도 한다.

『나는 둔감하게 살기로 했다』를 쓴 일본의 신경정신과 의사인 와타나베 준이치는 주변의 시선을 담담하게 받아들이는 태도나 마음 자세를 둔감력이라고 표현한다. 그에 의하면 둔감력도 타고난 재능에 못지않게 중요한 능력이다. 주변의 시선에 신경을 끄고 얼마나 둔감해질 수 있느냐가 육체적인 건강과 인생의 성패를 좌우하는 바로미터라는 것이다.

"성공과 실패는 꼭 재능에만 달린 게 아니다. 숨겨진 재능을 갈고 닦아 성장하려면 끈기 있고 우직한 둔감력이 필수다."

현재를 살아가는 사람들은 타인의 시선을 의식하고 살아간다. 주위의 시선은 나를 처참하게 망가뜨리기도 한다. 내가 직장 다녔을 때의 이야기이다. 업무 특성상 갑질하는 인간들한테 오는 전화가 하루에 수십 통이 넘는다. 매일 그 전화를 받고 나면 미치기 일보 직전이다. 항시 퇴근할 때쯤 나는 만신창이 되어 집으로 향하곤 했다. 아래 직원은 갑질하는 업체로부터 폭언을 당하고 있는 걸 알면서도 상사라는 작자는 모르쇠로 일관하기도 하더라. 다들 불구경한 셈이다. '나 아니면 말고.'라는 생각이었나 보다. 내가 잘했든 잘못했든 모든 것이 내 탓이었다. 그런 일을 반복적으로 겪다 보니 나는 점점 피폐해져 갔다. 나의 자존감마저 바닥이었다. 그런 일을 자주 겪다 보니 점점 삶에 회의감마저 들었다. 나는 살아가는 게 재미가 없었다. 내가 타인의 시선을 의식하지 않고 사회생활을 했다면 사표를 수십 번, 수백 번 아니 수천 번은 쓰고도 남았을 것이다. 내가 직장생활에서 '팽'을 당하고 난 후 깨달았다. 그들에게 이용만 당했다는 것을 말이다. 회사는 나를 지켜주지 않는다. 나의 인생을 책임져주지도 않는다.

나는 2월 1일 〈한책협〉에서 진행한 '1일 특강' 미라클 사이언스 특강을 듣고 많은 것을 느꼈다. 참 신기하지 않은가! 내가 계속 직장을 다녔으면 김도사님의 강의를 듣지도 못했을 뿐만 아니라, 나는 계속 노예의 인생을 살아갔을 것이다. 나는 우주의 법칙을 믿는다. 내가 너무 힘들다고 하니 우주에서 나에게 기회를 준 것이라 믿는다. 내가 지금이라도 깨달았으니 얼마나 다행이란 말인가. 나는 나 자신보다 타인의 시선을 더 사랑했던 사람이었으니 말이다. 나는 나 자신을 사랑하지 않았다. 내 인생의 주인공은 나다. 제삼자가 내 인생을 책임지지 않는다. 나는 내 아이가 타인을 의식하지 않고 자신을 사랑할 줄 아는 아이로 성장하길 바란다. 그래서 지금도 학원보다는 무조건 뇌 교육 수업을 1순위로 두고 시킨다. 뇌 교육은 나 자신을 사랑하고, 지구를 사랑하는 아이로 성장시키니 말이다.

우리는 세상을 살아가면서 왜 타인의 시선을 의식할까? 신신애의 노래 가사처럼 '세상은 요지경 속' 같지만 우리는 혼자서 살아갈 수 없는 존재다. 그래서일까? 우리는 가정에서도, 회사에서도, 어디를 가든 타인의 시선을 의식하면서 하루를 보내고 있다. 남들을 무시하고는 살아갈 수가 없다. 하지만 너무 의식하다 보면 내가 원하는 삶이 아니라 타인이 원하는 모습대로 살아가게 되더라. 당신의 아이가 어떤 삶을 살아가길 원하는지 생각해봤으면 한다.

우리 아이가 살아가야 하는 시대는 인공지능 로봇과 함께 살아가야만 한다. 타인의 시선이 아닌 내가 주체가 되어 아이의 생각을 키워주는 부모가 되자. 학교, 학원에서 배우는 수업은 주입식 교육이다. 시험지 정답만 찾는 수업이다. 이런 환경에서는 아이의 재능을 찾아줄 수 없다. 또한, 아이의 상상력, 창의력, 질문, 생각 등의 힘을 키워줄 수가 없다. 사랑하는 아이가 꿈이 없는 아이로 성장하길 바라는가? 아니면 아이 스스로 본인의 꿈을 찾아가는 인생을 살기를 바라는가? 진정으로 아이를 위하는 것이 무엇인지 심각하게 고민해야 할 것이다. 나는 아이가 자신이 원하는 꿈을 찾아가는 인생을 살았으면 한다. 내 아이는 자신을 사랑하는 자존감 높은 아이로 건강하게 성장해주기를 바라는 마음이다.

06 결과보다 과정에 초점을 맞춰 칭찬하라

헤츠키 아리엘리의『유대인의 성공코드』에서 다음과 같이 이야기한다.

"탈무드에 '칭찬은 지혜롭게 해야 한다.'라는 말이 있다. 무조건적인 칭찬은 아이를 거만하게 만들고, 부모의 말에 신뢰를 갖지 못하게 만든다. 칭찬도 지혜롭게 해야 한다. 유대인 부모는 '과정'을 칭찬하고, 일반적인 부모들은 '결과'를 칭찬한다. 아이가 학교에서 시험을 봐서 점수를 받아왔을 때, 유대인 부모는 칭찬하는 말이 다르다. '이번 시험에서 100점을 맞기 위해 노력하는 네 모습을 봤을 때 엄마는 자랑스러웠어.' 하지만 대부분의 부모들은 '100점 맞았구나. 잘했어.'라고 한다. 별 차이 없어 보이는 유대인 부모와 일반적인 부모의 칭찬의 차이는 무엇일까? 유대인 부모의 칭찬 한마디는 100점을 맞은 결과보다 100점을 맞기 위해 평소에 노력하는 모습을 칭찬해 아이가 100점에 대한 부담감보다는 평소에 열심히 디

해야겠다는 생각을 갖게 만든다. 반면에 일반적인 부모들은 결과에 대해 집착을 한다."

나 또한 일반적인 부모들과 다르지 않다. 나도 아이의 성적에 예민한 사람 중의 한 사람이다. 하루는 아이가 단원평가 시험을 본 후 자랑을 하는 것이다. 수학인가? 한 문제 틀렸다고 자랑스럽게 말을 하는 것이었다. 누가 할 것도 없이 남편과 나는 동시에 아들에게 말했다.

"1문제 틀렸네, 100점을 맞아야 잘하는 거야."

그랬더니 아들이 한마디 하는 것이었다.

"나는 하나만 틀렸어, 더 틀린 친구들도 있어."

아차 싶었다. 얘기를 듣자마자 나는 "아니야, 아들 잘했어. 다음에 더 열심히 해서 100점 맞으면 되는 거지."라고 말했다. 아들은 '1문제 틀린 게 어디야.'라고 뿌듯함을 가지고 엄마, 아빠에게 말한 것인데 우리 부부는 아이의 노력은 무시한 채 결과만 가지고 아이에게 말한 것이다. 우리 부부는 아이를 칭찬하는 것에 매우 야박하다. 어쩌면, 아이는 결과에 대한 칭찬보다 과정에 대한 칭찬을 듣기를 원했을지도 모른다.

『초보 엄마를 위한 육아 필살기』에서는 이야기한다.

"칭찬의 말 중에서 '넌 정말 똑똑해.'라고 능력을 칭찬하는 대신 '정말 열심히 하는구나. 그렇게 하면 너는 틀림없이 잘할 거야.'라고 노력을 칭찬하는 것이 중요하다. '해낼 수 있을 거야.'라고 아이에게 근거가 있는 칭찬을 해주어야 한다. 칭찬은 과해도 안 된다. 빈번하게 칭찬하는 것보다 간헐적으로 칭찬해주는 것이 효과적이다. 모호하고 일반적인 칭찬을 하지 말고 구체적으로 칭찬받을 부분을 칭찬해주어야 한다. 구체적으로 칭찬해주어야 아이는 칭찬받을 부분에 초점을 맞추어 노력하게 된다."

아이가 어린이집에 다녔을 때의 일이다. 어린이집에서 점심 먹고 오후에 낮잠을 자는 시간이 있었다. 단잠을 자고 나면 아이 스스로 잠자리를 정리한 듯하다. 하루는 집에서 어머님이랑 빨래를 정리하고 있었다. 아이가 옆에 오더니 자기 옷을 가져가더니 예쁘게 정리하는 것이었다. 나는 가르쳐준 적이 없었는데 아이의 행동이 대견스러웠다. 예쁘게 정리정돈 한 아들에게 도와줘서 고맙다고 칭찬을 해줬다. 그 후로 아이는 본인 잠자리를 정리하기도 했다.

나는 살아오면서 결과에 대한 칭찬만 들었지, 과정에 대한 칭찬을 들어본 적이 없다. 내가 학교 다닐 때도 시험 성적표 결과를 보고 공부 잘하는 아이, 못하는 아이로 구분했던 시절이다. 중학교 3학년 때인 걸로 기억된다. 담임 선생님은 수학을 가르치는 선생님이셨다. 중간고사인지, 기말고사인지는 기억이 가물가물하다. 전 학년에서 우리 반이 수학 점수가 제일 안 좋게 나왔다. 우리 반은 단체로 선생님에게 혼났다. 시험이 어렵게 나왔는데 시험 성적만 가지고 우리를 야단치셨다. 공부 잘하던 친구도 점수가 60점이 안 나왔으니 말이다. 나도 마찬가지였다. 나의 중학교 시절, 그때 수학 성적이 최하위 점수였을 것이다. 우리가 공부를 못한 게 아니라 시험이 어려웠던 건데 말이다. 결론적으로 과정보다는 결과로 모든 것을 판단했던 셈이다. 아무렴, 선생님이 우리보다 더 속상하셨을 것이라 생각된다. 제자들을 때리고 마음 편한 스승은 없을 테니 말이다.

흔히 부모들은 아이의 결과만 보고 칭찬하는 경우가 대부분이다. 부모는 아이의 노력에는 관심이 없다. 오로지 성적 즉 순위에만 눈길이 간다.

"역시 우리 아들이 최고야 최고. 1등 할 줄 알았어."
"우리 아들 똑똑하니 1등은 당연한 거야."

이런 말들로 인해 아이가 느끼는 심적 부담감은 상상 이상일 것이다. 그 무게감을 이기지 못하니 자살하는 아이들이 나오는 것일 테니 말이다. 현실에서 일어나는 일이다. 이런 기사를 접하면 마음이 아프다.

나의 학창 시절에도 인성이 아니라 성적이 먼저였다. 하지만 우리 아이들이 살아가는 21세기는 주입식 교육으로는 아이 스스로 주체적인 인생을 살아갈 수 없다. 지금부터라도 아이에게 과정은 무시한 채 결과만 이야기하는 어리석은 부모가 되지 말자. 아이가 노력한 모습에 대해서 칭찬하는 부모가 되자. 아이의 등수나 점수에 상관없이 아이의 노력으로 인한 결과 자체를 인정하고 칭찬하는 것이 바람직하다. 1등이 있으면 꼴찌도 있는 것이다. 어떤 상황에서든 이기는 자가 있으면 지는 사람도 있다는 것을 알려주자. 공부 잘했다고 다 성공하는 것도 아니고 공부 못했다고 성공하지 못하는 것도 아니다.

『열살 엄마 육아수업』에서 아이를 칭찬할 때 좋은 칭찬 방법에 대하여 이야기한다.

"첫째, 재능보다는 노력을 칭찬해야 한다. 사람들은 '머리가 좋다.'라거나 '재주가 뛰어나다.'라는 칭찬을 받으면 다른 사람을 실망하게 하면 안되겠다는 생각에 불안해한다. 다음에 잘못하면 '실제 재능은 보잘 것 없다는 게 탄로 나는 것 아닌가?' 걱정하게 되기 때문이다. 재능을 칭찬하면 노력하지 않는 사람을 만들 수 있다. 노력하지 않았다면 결과가 좋아도 칭찬을 아낄 필요가 있고, 노력을 많이 했으면 결과가 기대에 못 미쳐도 '최선을 다하는 모습에 깊은 인상을 받았다.'라고 격려해야 한다.

둘째, 칭찬은 모름지기 '사람'에게 해야 한다. 흔히 '일이 잘 풀렸다.', '프로젝트가 잘 마무리돼서 기쁘다.', '성적이 정말 잘 나왔네?'라고 칭찬한다. 여기서 칭찬의 주인공은 '일', '프로젝트', '성적'이다. 칭찬할 때는 반드시 대상을 구체적으로 말해야 한다. 예로 든 문장 앞에 '네가 열심히 해서~'를 붙여주면 칭찬 받는 사람이 '나를 칭찬하는구나!' 하고 확실히 알 수 있게 된다.

셋째, '다른 사람의 입을 빌려 하는 간접 칭찬'이 더 효과적이다. 필자가 예전에 군에 복무할 때 참으로 인상 깊은 칭찬을 하는 지휘관을 본 적이 있다. 그는 한 부하를 칭찬하면서 이렇게 말했다. '자네가 근면 성실하고 치밀하다는 말을 자네 직속상관에게 자주 들었는데 오늘 보니 그 말이 사실이네. 수고 많았어.' 그 부하는 앞에 있는 지휘관에게는 '성과'를, 자신의 직속상관에게는 '노력'을 인정받은 셈이 된다. 간접 칭찬은 두 사람에게 동시에 칭찬받는 효과가 있고, 제삼자의 말을 인용했기 때문에 인사치레가 아닌 진짜 칭찬이라는 신뢰도 생긴다."

07 포기하지 않는 끈기 있는 아이로 키워라

『탈무드』는 "이미 한 일을 후회하기보다는 꼭 하고 싶었는데 하지 못한 일을 후회하라."라고 말한다. 또한 마빈 토케이어는 이렇게 말했다.

"인간은 실패하더라도 그에 따른 큰 교훈을 얻기 마련이다. 그런데 하고 싶었는데도 하지 않았다는 것은 교훈을 얻을 가능성을 상실한 것이다. 인간의 모든 진보는 가능성을 믿는 낙관에서 이루어진다. 실패는 경험이 되고, 성공을 위한 밑거름이 될 수 있다. 인간은 실패를 후회하더라도 경험과 교훈을 얻었음을 알고 있기 때문에 가능성을 묻어버린 것보다 후회가 가볍다. 실패는 성공의 토대를 만드는 데 사용되지만, 하지 않았다는 것은 가능성이라는 토대 자체를 잃어버리는 것이다. 실패를 지나치게 두려워하는 것은 실패하는 것보다 나쁘다."

나는 지금까지 살아오면서 마음 편안하게 지낸 적이 없다. 항상 돈을 쫓아다녔다. 왜 나한테만 힘든 일이 일어나는 건지, 왜 우리 집은 가난하지, 나는 왜 하고 싶은 것을 할 수 없지 이런 생각을 하면서 살아왔다. 나는 가난에서 벗어나고자 발버둥 치는 삶을 살아왔으니 말이다. 나는 보통 아이들보다 빨리 사회에 발을 내딛은 셈이다. 나는 중학교를 졸업하고 고등학교를 진학해야 했다. 하지만 집안 형편상 일반 고등학교를 갈 수 없었다. 나는 빨리 부자가 되고 싶었다.

고등학교 시절에는 컴퓨터 배우는 것이 한창일 때였다. 컴퓨터가 세상에 처음 나왔으니 너도나도 할 것 없이 배우기 시작했으니 말이다. 그때 나는 컴퓨터만 배우면 좋은 회사에 취직할 것만 같았다. 나는 야간 수업이 끝나면 학원으로 가서 컴퓨터 타자 치는 법부터 배웠다. 타자를 배우고 나니 다른 것을 더 배우고 싶었다. 하지만 나는 경제적 여유가 없었다. 한 달에 수입은 정해져 있었으니 말이다.

그렇다고 포기하지는 않았다. 열심히 하면 복이 들어올 거라 믿었다. 나는 고등학교 3학년이 되면서 대학을 가고 싶은 욕망이 피어나는 것이었다. 알다시피 야간고등학교에서 배움에는 한계가 있다. 나는 잘하든 못하든 수능 시험을 치르고 싶었다. 나는 학교, 학원 다니면서 공부하는 또래 아이들의 성적을 이길 수 없다는 걸 알았다. 하지만 나는 도전해보지도 않고 포기하고 싶지 않았다.

『틀 밖에서 놀게 하라』에 있는 이야기이다.

"'나는 똑똑한 게 아니라 단지 더 오래 연구했을 뿐이다.' 아인슈타인은 자신은 천재가 아니라 남보다 끈기 있게 문제와 씨름한 사람이라고 말했다. 창의력에도 끈기가 중요하다. 많은 사람이 창의력을 타고난 재능으로 여긴다. 그러나 사실 창의력을 위해서는 끝없이 생각하고 고민하는 인고의 시간과 노력이 필요하다. 창의력의 반대말은 표절이나 모방이 아니라 '중도 포기'다. 그러므로 아이의 창의력을 위해서는 '끈기 있는 태도'를 길러주어야 한다."

아이가 초등학교 5학년 때의 일이다. 아이는 뇌 교육에서 진행하는 일지 영재에 도전하였다. 나는 하고 싶은 아이들이면 모두 일지 영재가 되는 줄 알았다. 하지만 일지 영재가 되기 위해서는 필수 코스가 있었다. 아이들은 HSP 1~12단 테스트를 통과해야 한다. 새로운 것에 도전하기에는 많은 고난과 시련이 가로막는다. 아이는 4단, 12단을 어려워했다. 아이는 중간에 포기하고 싶은 유혹도 있었을 것이다. 그때 부모의 역할이 중요하다.

아이가 자꾸 징징대니 처음에 나는 "너 하고 싶지 않으면 하지 마."라고 윽박지르기도 했다. 하지만 바람직한 엄마의 모습이 아니다. 아이는 자신과 씨움을 하는 중이었다. 부모는 옆에서 아이를 다독이고 격려해줘야 한다. 나는 아이에게 "너는 할 수 있어. 할 수 있는데 못하겠다는 생각을 해서 그런 거야."라고 용기를 줬다. 그 후 아이는 넘어지고 또 넘어져도 다시 일어나 연습을 하는 것이었다. 아이의 도전하는 모습이 대단해보였다.

아들 나이였을 때 나는 초등학교 운동장에서 뛰놀았다. 요즘 아이들은 마음껏 뛰놀고 싶어도 뛰놀 수 없는 환경에서 자라고 있다. 뇌 교육 수업하는 아이들은 자신의 비전을 세우고 지구를 경영할 줄 아는 아이로 성장을 유도한다. 뇌 교육 수업을 하는 아이들은 실패를 두려워하지 않는다. 포기하지 않는 태도의 목적은 아이 스스로 '나는 할 수 있다.'라는 마음으로 어떤 문제든 마주하는 자세이다.

『우리 아이, 스티브 잡스처럼』에서 두 부류의 사람에 대해 아래와 같이 이야기한다.

"첫 번째 부류 : '이번 실패를 통해 좀 더 나은 방법을 찾았어.'
'다음에는 좀 더 신중하게 해야겠어.'
두 번째 부류 : '역시 나는 되는 게 없어.'
'괜히 시작했나 봐, 가만히 있었으면 본전이라도 건졌지.'

이 두 부류 중에 누가 나중에 성공할 것 같은가? 당연히 첫 번째 부류다. 이런 사람들은 시행착오를 통해 교훈을 얻거나, 좀 더 나은 방법을 찾는다. 그래서 그들에게는 시행착오가 두렵지 않다. 반면에 두 번째 부류는 시행착오를 겪으면 자신의 무능을 탓한다. 실패 속에 숨어 있는 값진 교훈은 안중에도 없다. 따라서 나중에도 똑같은 시행착오를 반복할 뿐 아니라, 실패 자체를 두려워해서 아무것도 시도하지 않게 된다."

나는 우리 아이가 실패를 두려워하지 않는 아이로 성장하기를 바란다. 실패는 부끄러운 것이 아니다. 부끄러운 것은 실패가 겁나 도전하지 않는 삶이다. 아이 스스로 포기하지 않고 그 실패를 극복해나가길 바란다. 실패를 통해 성공 발판의 밑거름이 될 것이니 말이다. 실패는 아름다운 것이다. 우리는 인생을 살아오면서 수백 번, 수천 번 이상 넘어지고 쓰러지고 다시 일어난다. 이때 포기하는 사람이 있을 것이고, 다시 일어나는 사람이 있을 것이다.

나는 아이가 쓰러지고 일어나는 경험을 통해 의연하게 자기 미래를 이끌어나가는 아이로 성장하길 바란다. 시련을 극복한 아이는 습관이 몸에 배어 다른 어려움을 맞닥뜨려도 포기하지 않고 꿋꿋하게 이겨낼 것이다. 시련은 변형된 축복이라는 말도 있다. 칼 마르크스는 "사람은 걷는 법을 배워야 하지만 넘어지는 법도 배워야 한다. 넘어진 경험이 있어야 다시 일어서서 걷는 법도 배울 수 있다."라고 말했다.

08 경제교육은 빨리 시작할수록 좋다

아들 친구의 생일날이었다. 아들은 친구 생일 초대를 받아 친구 집으로 가야 했다. 친구 생일이니 선물을 들고 가야 하는데 포장지가 없었다. 나는 처음으로 아들에게 심부름을 시켰다. 나는 아들에게 만 원을 주면서 선물 포장해야 하니 포장지를 사서 오라고 했다. 아들은 심부름 값을 달라 하여 엄마가 준 돈에서 천 원을 사용하라고 했다. 아들은 신나서 뛰어갔다. 나는 아이가 30분이 지나도 집에 오지 않아 전화를 걸었다.

"아들, 어디야? 왜 아직 안 오냐?"
"엄마, 지금 가고 있어."

아들의 숨찬 목소리가 들렸다. 나는 "알았다."라고 대답하고 전화를 끊었다. 그런데 아들이 헐레벌떡 뛰어 들어오더니 포장지만 주는 것이었다.

순간 싸한 느낌이 들었다. 나는 아들에게 "잔돈은 어딨어?"라고 물으니 아들은 주머니에서 달랑 100원짜리 동전 몇 개만 주는 것이었다. 포장지랑 심부름 값을 제외하더라도 2,000원을 초과하지 않는데 말이다. 내가 받은 잔돈은 달랑 동전 몇 개라니. 나는 하도 어이가 없어 웃음만 나왔다.

마음을 진정하고 아들에게 자초지종을 물었다. 아들은 문구점을 가다가 친구를 만나서 그 친구와 함께 포장지를 사러 갔다고 한다. 아들은 포장지를 사고 심부름 비용으로 본인이 원하는 걸 샀다. 아들은 함께 간 친구에게도 먹을 것을 사줬다고 했다. 아이의 이야기를 듣고 난 후 나는 산 걸 모두 꺼내보라고 했다. 아이의 주머니에서 포켓몬 카드, 불량식품 등이 주머니에서 끝도 없이 나왔다. 포켓몬 카드는 이미 뜯어서 반품이 안 되는 것이었다. 처음으로 시킨 심부름에서 아이는 돈을 거의 다 사용하고 온 것이다. 나는 아이의 교육을 위해 그냥 넘어가면 안 될 듯하여 환불할 수 있는 것은 환불하기로 했다. 크지 않은 금액이었지만 아이의 올바른 경제교육을 위해서 필요하다고 느꼈기 때문에 취한 행동이다.

미국의 석유 재벌 록펠러는 늘 근검절약을 강조했던 어머니의 영향으로 10대 때부터 꾸준히 용돈 관리장을 썼다. 얼마를 벌었고, 얼마를 썼는지 록펠러는 이 용돈 관리장에 용돈으로 받은 돈, 지출한 돈, 헌금으로 낸 돈을 매일매일 일기장처럼 죽을 때까지 작성했다고 한다. 그리고 자신도 자녀들에게 용돈 관리는 물론 지출 내용을 기록하게 했다고 한다. 지출 내용이 정확하고 합리적이면 용돈을 더 주고 그렇지 않으면 벌을 주고 용돈을 깎았다고 한다. 록펠러는 자녀에게 어렸을 때부터 용돈 관리를 하도록 했고, 용돈 교육을 통해 성공 법칙을 가르쳤다. 빌 게이츠도 아이들에게 주는 용돈은 매주 1달러였다. 대신 집안일을 도와주면 그 일의 가치에 따라 용돈을 줬다고 한다. 세계 최고의 주식 투자가인 워런 버핏은 자녀에게 넉넉한 용돈을 주지 않았다. 이유는 자신이 어렸을 때부터 남의 도움 없이 돈을 벌어왔기 때문에 현재의 부를 축적했다고 믿기 때문이다.

현시대를 살아가는 부모들이 느껴야 할 듯하다. 맞벌이로 인해 아이와 함께 지내지 못하는 미안함, 죄책감으로 인해 아이가 원하는 걸 아무런 제한 없이 사주고, 용돈으로 넉넉히 주곤 한다. 주위에서 들은 이야기이다. 한 아이가 엄마한테 용돈을 받아 가방에 넣고 놀이터에서 놀았다고 한다. 아이는 놀다가 가방을 열어보니 있어야 할 만 원이 감쪽같이 사라졌다는 것이었다. 나는 어린아이에게 '용돈 만 원씩이나 줬다고?' 그런 생각을 했었다. 그때 초등학교 1학년이었던 걸로 기억된다. 나는 아이에게 용돈을 주지 않았다. 왜냐고? 아이가 돈 쓸 일이 없다고 생각했기 때문이다. 하지만, 나의 착각이었다. 아이는 본인이 필요할 때 할머니에게 천 원씩 용돈을 받아 학교에 갔던 것이다. 나는 아이에게 물었다.

"왜 할머니한테 용돈을 받아 갔어?"

"엄마가 주지 않으니까."

그때부터 나는 아이에게 일주일에 3,000원을 용돈으로 지급했다. 나는 아이에게 용돈으로 사용한 목록을 작성하고 용돈 기입장을 쓰라고 했다. 그러나 아이는 잘 실천하지 않았다. 계속 말하면 잔소리가 될 듯하여 나는 경제에 관련한 만화책을 주문했다. 아이 스스로 간접적으로라도 느끼기를 바랐기 때문이다. 또한, 아이가 용돈을 주면 다 사용하더라도 잔돈은 저축하도록 유도했다.

『부모라면 유대인처럼』에서는 유대인들의 경제 교육은 일찍 시작된다고 말한다. 그래서 돈을 지나치게 숭배하지도 않지만 그렇다고 경시하지도 않는 균형 잡힌 경제 감각이 길러진다. 현명한 경제 주체로 키우려면 어렸을 때부터 경제가 무엇이며, 왜 중요한지를 가르치는 과정이 필요하다. 경제 교육은 아이가 저축하는 습관을 들이고, 자신의 소비 욕구를 잘 조절하는 데 초점을 맞춘다. 정기적으로 용돈을 주되, 그 중 30~50% 정도의 저축할 돈을 감안해 용돈을 주는 게 좋다. 용돈은 아이의 나이와 관계없이 일찍 주는 것이 좋다. 아이가 용돈을 받으면 우선 저축부터 하고 남은 돈으로 생활하는 습관을 들이자. 대개 5세 무렵 돈에 대한 개념이 생기기 시작하면 본격적으로 용돈을 준다. 쓰기 위한 목적이 아니라 저축을 하기 위한 용돈이다.

우리는 어릴 때부터 경제 교육보다는 학습 위주의 교육을 먼저 접하게 된다. 어릴 때부터 올바른 경제 개념을 아이에게 심어주어야 한다는 걸 모르지는 않는다. 우리는 돈에 대해 '좋은 인식'보다 '나쁜 인식'이 더 잠재되어 있다. 하지만 돈은 우리가 살아가는 데 필수요소이다. 돈은 인간의 기본적인 의식주를 충족시켜주는 촉매제 역할임을 부인할 수는 없다. 부모들은 아이에게 용돈을 언제부터 줘야 하는지 고민되는 게 현실이다. 아이가 돈에 대해 정확히 인식하지 못하는 상태에서 주게 되면 역효과를 가져올 수도 있으니 말이다. 아이가 돈에 대한 개념을 알기 시작하면 그때 시작하면 될 듯하다. 나는 늦게 시작한 편이다. 용돈 금액은 아이와 함께 정해야 한다. 부모의 일방적인 금액 책정은 아이에게 상처가 되기도 한다. 나도 처음에는 일주일에 천 원이라고 하였다가 아들이 한마디 한 기억이 있다. 친구들에 비하면 아이 용돈은 턱없이 적었던 것이다. 용돈 금액은 아이와 의견을 나눠 타협점을 찾아야 한다. 아이에게 용돈을 지급하면 사용한 출처를 작성하게 하라. 즉 용돈 기입장을 작성하게 해야 한다. 용돈 기입장으로 소비 습관을 아이 스스로 확인할 수 있으니 말이다.

인터넷 블로그에서 본 경제 교육에 관한 내용이다.

우리 아이는 교육이 가능할까?

1. 스스로 해보겠다는 고집이 생겼다.

2. '나'라는 개념이 생겨나 '내 것'이라는 주장을 한다.

3. 3개 이상의 단어를 이용해 자신의 의사를 문장으로 표현한다.

4. "왜?", "뭐야?"같은 궁금증을 보이며 호기심이 커져 주변 사물에 관심을 갖는다.

5. 단체 놀이에서 규칙을 따를 수 있다.

6. 1~10까지 숫자를 셀 수 있다.

7. 가게 놀이, 병원놀이 등의 역할놀이가 가능하다.

8. 인과관계에 맞춰 말을 한다.

9. 단순한 사물을 분류할 수 있다.

10. 질문과 대답이 가능하다.

5개 이상의 항목이 해당 된다면 어린이 경제교육이 가능하다고 하니 한번 테스트해보자.

무엇보다 아이가 용돈을 잘 관리할 수 있는 환경을 만들어주어야 한다. 부모가 아이와 함께 은행에 가서 통장을 개설하고, 저축하는 것은 경제 활동을 가르쳐주는 게 유용하다고 한다. 과연 아이와 함께 은행을 방문하여 통장 만들고, 저축하는 습관을 유도하는 부모가 얼마나 될까? 아이들의 하루는 엄청 바쁘다. 학교 가랴 학원 가랴 공부하랴 하루 24시간이 부족한 아이들이다. 알다시피 인터넷 발달로 인해 웬만한 것은 안방에서 핸드폰 하나만 있으면 비대면 계좌 개설이 가능하다. 신세대 부모들은 아이가 태어나면 이미 아이 이름으로 통장 하나씩은 다 개설한다. 아이가 성장하면서 개설된 통장에 돈이 차곡차곡 쌓이는 것을 경험하게 하라. 그리하면 아이는 저축의 재미를 알게 될 것이다. 부모는 아이가 어릴 때부터 탄탄한 경제개념을 가질 수 있도록 도와주는 멘토가 되어야 한다. 경제교육은 평생교육이다. 아이 스스로 적은 돈도 아껴 쓰고, 저축하고, 합리적으로 소비하는 습관을 가질 수 있도록 관심을 가지고 지켜봐야 한다.

다르게 생각하는 아이, 다르게 생각하는 엄마

로스차일드가의 10가지 경제 교육 원칙

"돈은 무자비한 주인이지만, 유익한 심부름꾼이 되기도 한다." - 유대 격언

1. 성공한 사람처럼 행동하라. 그러면 나도 모르는 사이에 성공한다.

2. 안 되는 것을 남의 탓으로 돌리지 말자. 그것은 노예가 되는 지름길이다.

3. 정보가 곧 돈이다. 정보의 안테나를 높이 세워라.

4. 인맥이 힘이다. 인맥 네트워크를 형성하라.

5. 남을 위하라. 그래야 남도 나를 위한다.

6. 위기가 기회다. 불황에서 돈 벌 확률이 평상시보다 10배는 높다.

7. 팀워크처럼 중요한 것도 없다. 조직의 단결에 최선을 다하라.

8. 교육비에 과감히 투자하라.

9. 성공한 사람과 교분을 가져라. 놀라운 파워가 공유된다.

10. 길이 아니면 가지를 마라.

아이들의 경제 교육에 도움이 되는 웹사이트

기획재정부 어린이 경제교실 http://kids.mosf.go.kr

한국은행 경제교육 https://www.bok.or.kr

희망어린이경제교육 http://www.economy-edu.kr

PART 4

스스로 생각하는 아이로 키워라

01 아이 스스로 선택하고 결정하게 하라

'햄릿 증후군(Hamlet Syndrome)'이라는 말을 들어본 적 있는가? 네이버 지식백과에 설명되어 있는 내용이다.

선택 장애 또는 결정 장애와 유사한 말로 셰익스피어의 작품 「햄릿」에서 주인공 햄릿이 결정하지 못하고 갈등하는 데에서 착안한 신조어다. 햄릿 증후군의 원인으로는 개인적인 성향과 성장 배경, 정보의 홍수, 자아 정체성 상실 등이 꼽힌다. 부모의 선택과 결정에 의존하는 수동적인 유년기를 보낸 것이나 과도한 정보의 홍수 속에서 결정을 미루는 것이 버릇된 것도 원인이 된다. 전문가들은 햄릿 증후군을 병이 아닌 오랜 기간 몸에 밴 습관이라고 본다. 햄릿 증후군의 극복 방안으로는 기준점을 확고히 하는 것, 선택의 폭을 의식적으로 줄이는 것 등을 들 수 있다.

부모들은 아이가 혼자 생각하고 판단할 수 있는데도 아이가 생각할 수 있는 시간을 기다려주지 않는다. 부모들은 아이가 아직 어리다고만 생각해서 그럴 것이다. 하지만 아이도 본인이 스스로 생각하고 판단할 수 있는 자아가 있다는 것을 알았으면 한다. 우리도 한때는 태아였다. 부모의 사랑 속에 무럭무럭 성장해서 세상에 나온 것이다. 처음부터 우리도 스스로 모든 것을 해결하지는 않았다. 아기였을 때 스스로 뒤집고, 기어가고, 서기도 했으니 말이다. 본인 스스로 방법을 터득한 아이도 있을 것이고, 부모의 도움으로 성공한 아이도 있을 것이다. 성장하면서 아이는 도움 없이도 스스로 생각하고 결정할 수 있다. 아이가 어리다고 하여 아이의 모든 것을 부모가 챙겨주게 되면 아이는 스스로 결정할 수 있는 선택의 힘을 기를 수 없게 된다. 아이 스스로 할 수 있는 것조차도 부모에게 의존하는 아이로 성장할 테니 말이다.

아이의 옷을 고를 때 누구의 기준으로 선택하는가? 아이의 기준 혹은 부모의 기준. 나는 아이가 초등학교 입학 전까지 나의 기준에서 선택했다. 아이가 '뭘 알겠어.'라는 생각을 했던 듯하다. 아이는 초등학교를 입학하면서 자신의 생각을 표현하기 시작했다. 나는 아이의 옷을 대부분 어두운 톤을 선호했다. 남자아이이다 보니 밝은 톤의 옷들은 금방 더러워졌다. 아들은 얌전한 성격이 아니라 내 나름의 대안이었다. 어느 날 아이와 함께 옷을 사러 집 근처 매장을 방문하여 옷 가게 사장님과 함께 옷을 보고 있었다. 항상 옆에서 조용히 핸드폰 게임만 하던 아이가 그날따라 본인의 취향을 이야기하여 놀랐다. 옷 가게 사장님도 놀라셨다. 아들이 파란색, 빨간색을 좋아한다는 것도 처음 알았다. 순간 아이에게 미안해졌다. 한 번도 아이에게 선택할 수 있는 기회를 주지 않았으니 말이다. 그 후 아이의 옷을 고를 때면 나는 사진을 찍어 아이의 핸드폰으로 보내고 아들의 동의를 얻어 옷을 구매했다. 부모의 욕심으로 인해 아이의 의견을 무시하고 있는 건 아닌지 생각해보면 좋을 것 같다.

서울특별시교육청 블로그의 글 〈스스로 선택하고 결정하는 아이, 어떻게 만들까?〉에 기재된 내용이다.

"첫째, 아이의 선택권을 빼앗지 마라. 간식과 장난감, 생활습관 등에서 아이에게 간단한 선택을 할 수 있는 기회를 주세요. '네가 먹고 싶은 간식을 골라 봐.', '지금 숙제할래? 저녁 먹고 할래?'라는 식으로요. 단, 선택권을 지나치게 많이 부여하거나 학교를 가거나 씻는 것처럼 반드시 해야 할 일에 선택권을 주는 건 삼가 주세요. 간식을 고를 때는 몇 가지를 정하여 선택의 폭을 좁혀준 후, 한두 가지를 고르게 합니다. 옷을 살 때도 몇 가지를 미리 골라주고 하나를 고르게 하세요. 그리고 반드시 해야 하는 일이라면 '목욕부터 할래? 양치부터 할래?' 이처럼 목욕과 양치 모두 반드시 해야 한다는 사실을 알려주고, 아이에게 순서를 정할 선택권을 주세요.

둘째, 의사결정을 할 때까지 기다려라. 결정을 내리는 데 오래 걸리더라도 중간에 끼어들어 대신 결정해주지 마세요. 다만, 너무 힘들어한다면 특정한 것을 선택하라고 알려주기보다는 '다른 것을 선택할 생각은 해봤니?'라는 질문을 해서 바람직한 선택이 무엇인지 스스로 생각할 기회를 주는 것이 좋아요.

셋째, 실수할 기회도 주어라. 만약 아이가 혼자서 컵에 우유를 따르다가 우유가 쏟아져 흘러넘쳤습니다. 바로 달려가 닦아주실 건가요? 때로는 아이가 적당한 해결 방법을 찾을 수 있도록 시간을 주세요. 그럼 휴지를 찾아 닦는 방법을 터득할 거예요. 어려운 일에 부딪혔을 때 아이가 스스로 해결하도록 유도한다면 문제 해결 능력을 향상시킬 수 있어요.

넷째, 책을 읽고 대화를 나누어라. 독서는 책 속에 나오는 상황과 인물들 속에 자신을 대입하여 생각해보는 시간을 가질 수 있기 때문에 자기 결정력을 높이는 데 좋아요. 책을 읽은 후, 주인공이 위기에 처하지 않으려면 어떻게 해야 했는지, 자신이 주인공이었다면 어떻게 행동했을지에 대해 물어보세요. 간접 경험을 통해 문제가 발생할 수 있는 상황을 미연에 방지하는 결정을 내릴 수 있어요."

요즘 아이들은 자신의 의견을 잘 말하지 않는다. 또래들과는 수다스럽게 이야기하는 반면에 방과 후 혹은 학원 끝나고 집으로 돌아오더라도 자신의 방으로 들어가 나오지 않는다는 이야기를 들은 적이 있다. 나도 아이와 많은 대화를 나누는 엄마는 아니다. 어쩌면 아이들은 그런 환경에 익숙해졌을 수도 있다. 아이들만 탓할 게 아니라고 본다.

당신은 아이의 꿈이 무엇인지 아는가? 부모가 원하는 꿈이 아니라 아이의 꿈 말이다. 대부분의 아이들은 자신의 꿈이 무엇인지도 모르는 채 생활하고 있다고 한다. 오로지 공부에만 집중하고 있을 테니 말이다. 우선 공부를 잘해서 명문대 들어가는 게 1차 목표일 것이고, 그 후에는 대학 졸업하고 좋은 회사에 취직하는 것일 테다. 좋은 회사라면 우리가 다 아는 대기업일 것이다. 이런 삶이 과연 행복할까.

나는 아이가 초등학교 5학년 때 뇌 교육에서 진행하는 해외캠프를 보냈다. 그때 프로그램 중에 물속으로 떨어지는 미션이 있었다고 한다. 우리 아이는 겁도 많고 두려움도 많은 아이다. 새로운 것에 도전하는 것에 두려움을 먼저 느낀다. 이미 다른 아이들은 모두 통과하였으나 아들만 못 하고 있었다고 한다. 트레이너 선생님이 아이에게 마지막 기회라고 할 수 있다는 믿음을 주셨다고 한다. 그 말 한마디로 아이는 자신을 믿고 물속으로 뛰어들었다고 한다. 이와 같이 우리 아이들은 학교생활 또는 사회생활을 통해서 수없이 많은 선택과 좌절을 경험하게 될 것이다. 나는 아이들이 이런 경험을 통하여 깨달음과 지혜를 배울 수 있다고 생각한다.

아이가 작은 일부터 스스로 선택하고 결정하면 아이는 미래에 적극적이고 책임감 있는 사람으로 성장할 것이다. 또한, 아이는 주도적인 학습뿐만 아니라 4차 산업혁명 시대의 필요한 인재로서 자랄 것이다. 자기 결정력을 높이게 되면 아이는 여러 문제에 부딪히더라도 스스로 좀 더 나은 방법을 찾기 위해 노력하고 비록 실패하더라도 그 자체를 거울삼아 회복하는 힘을 키울 것이다. 아이들이 스스로 결정할 수 있도록 부모가 잘 이끌어주어야 한다.

자녀 경제 교육 중 하지 말아야 할 행동 3가지

1. 대화는 교육의 기본!

경제는 일상 생활 속에서 배우는 것이 많다. 부모와 아이의 대화가 중요하다. 아이의 감시자 역할도 중요하지만 조심히 해야 한다. 숙제처럼 용돈 기입장이나 가계부를 적으라는 강압적인 태도는 좋지 않다. 아이가 편한 마음으로 부모에게 돈 이야기를 할 수 있는 분위기를 조성해야 한다. 아이의 용돈 기입장에 대해 같이 고민해보고, 엄마의 가계부와 다른 것은 무엇인지, 또 엄마의 가계부에서 고쳐야 할 점은 없는지 돈에 대해서 터놓고 이야기할 수 있는 분위기를 만드는 토론식의 교육이 중요하다. 교과서처럼 딱딱한 주입식 교육이 아니라 부모의 수익과 지출을 확인하고 부모, 자식간의 경제 가치관에 대해서 토론할 수 있어야 한다.

2. 추가 용돈이 독? 아이의 주관을 지켜라!

용돈은 소비와 저축에 대해 배울 수 있는 좋은 수단이다. 한정된 용돈으로 일정 기간 생활하며 원하는 모든 것을 가질 수 없다는 점과 돈을 어떻게 나눠 써야 하는지, 저축은 어떻게 해야 하는지 등을 배울 수 있다. 이렇게 아이는 자신만의 경제 가치관을 형성해나간다. 추가로 용돈을 주는 일을 하면 아이의 소비 계획에 변수로 작용한다. 아이에게 추가 용돈을 주게 되면 아이는 소비를 늘리게 된다. 하지만 여기서 추가 용돈은 예상에 없던 수입이다. 또 그 돈은 자신의 노력을 통해 벌여들인 수입이 아니므로 더 큰 문제가 될 수 있다. 용돈에 대한 개념이 흔들릴 수 있기 때문에 용돈을 늘리거나 줄이면 계획 없이 쓰게 된다. 이런 일이 반복되면 아이는 추가 용돈을 기대하거나 부모를 믿지 못하게 될 것이다. 자신이 사고 싶은 물건을 위한 저축 기간이 줄어들어 성취감을 느끼는 데도 문제가 될 수 있다. 모두 함께 해야 할 집안일에 추가 용돈을 지급하는 것도 문제의 소지가 있다. 이를 엄마의 일 혹은 부모님의 일을 대신하는 것이라고 느낄 수 있기 때문이다. 또한 친척들에게 받은 용돈은 아이의 통장에 넣어주되 아이가 용돈 기입장을 쓸 수 있도록 도와주거나, 일정 금액을 여러 번에 걸쳐 지급해 관리하는 것이 좋다.

3. 아이가 과소비를 한다면, 자신을 되돌아보자!

'부모는 아이의 거울'이라는 말이 있다. 아이가 부모를 닮는 것, 부모를 따라 하는 것은 자연스러운 일이다. 경제 교육을 열심히 해도 아이의 소비 습관이 올바르게 바뀌지 않는다면 부모의 행동을 살펴볼 필요가 있다. 부모가 아이와 장을 볼 때 적어간 물품보다 더 사지는 않았는지, 사고 싶은 물건을 참지 못하고 사진 않았는지 살펴보면 아이의 문제점의 원인을 쉽게 찾을 수 있을 것이다. 아이는 부모를 닮는다고 한다. 따라서 부모가 먼저 솔선수범해야 한다. 계획적인 소비를 하고, 재테크, 투자 등의 책을 읽으며 공부하라. 가계부를 쓰는 모습을 보여준다면 아이는 따라서 용돈기입장을 작성할 것이다. 부모는 아이의 롤모델이 되어야 한다.

– 출처 : 이베스트 투자증권 블로그

02 놀이로 아이의 감정조절 능력을 키워주자

아들은 태어날 때부터 또래 아이들보다 작게 태어났다. 체중 2.5kg로 태어났으니 엄마인 나는 내색을 안 했을 뿐 걱정은 이만저만이 아니었다. 나는 아이가 인큐베이터에 들어가지 않았음에 감사할 따름이다. 나는 아이의 작은 체구로 인해 어렸을 때부터 한의원을 제집마냥 들락거렸다. 그래서인지는 모르겠지만 아이는 성장하면서 또래 아이들에 반해 잔병치레는 없었다. 나는 아이의 면역력을 높여야 한다는 생각을 했다. 나는 소아과보다 한의원을 더 자주 갔으니 말이다. 아이는 한약으로 성장한 셈이다. 주위에서 유난 떤다고 하였으나 신경 쓰지 않았다.

아들은 어릴 때부터 활동량이 엄청났다. 작은 체구에도 불구하고 아이의 활동량은 상상 이상이었다. 아이는 키즈카페 갔다 하면 기본이 2시간 이상이다. 아이는 2시간 이상을 뛰어다녔음에도 만족하지 않았다. 매번 아이와 실랑이 후 집에 돌아오곤 했으니 말이다. 오죽하면 아이 아빠도 지칠까. 나는 아이와 함께 뛰어다니다 보면 숨이 차 움직이지도 못했다. 집에만 있던 아이가 새로운 경험을 해보니 물 만난 물고기처럼 신나서 더 그랬을지도 모른다. 키즈카페 가면 아이는 날아다녔다. 아이는 혼자여서 더 그랬을 듯하다. 또래 아이들이랑 함께 뛰어노는 것이 즐거웠던 것이다. 아무렴 할머니, 할아버지가 놀아주셨다고 하더라도 아이가 느끼는 감정은 달랐을 수도 있을 테니 말이다. 한정된 집에서 놀던 느낌과 달리 넓은 공간의 키즈카페에서의 친구들과의 놀이는 신세계처럼 느껴졌을 것이다.

아이는 부모가 무엇을 가지고 놀아주느냐보다 어떻게 놀아주느냐가 중요하다. 아들은 항상 말한다. 엄마, 아빠는 왜 자기랑 놀아주지 않느냐고. 그때마다 남편은 친구들이랑 놀면 된다고 한다. 아빠는 자신이 성장할 때도 친구들이랑 놀았다고 하면서 아이에게 말한다. 참 답답할 노릇이다. 시대가 변했음을 인정하지 않는다. 요즘 아이들 중 밖에서 노는 아이들이 얼마나 될까?

문화심리학자 김정운 박사는 『노는 만큼 성공한다』라는 책에서 다음과 같이 이야기한다.

"성실하기만 한 사람은 21세기에 절대 살아남을 수 없다. 세상에 갑갑

한 사람이 근면 · 성실하기만 한 사람이다. 물론 21세기에도 근면 · 성실은 필수 불가결한 덕목이다. 그러나 그것만 가지고는 어림 반 푼어치도 없다. 재미를 되찾아야 한다. 그러나 길거리에 걸어 다니는 사람들의 표정을 한번 잘 살펴보라. 행복한 사람이 얼마나 되나. 모두들 죽지 못해 산다는 표정이다. 어른들만 그런 것이 아니다. 21세기의 한국 사회를 이끌어나갈 청소년들의 표정은 더 심각하다."

아이들은 뛰놀고 해야 하는 데 말이다. 밖에서 뛰노는 시간보다 안에서 활동하는 시간이 더 많은 요즘 아이들이다. 우리 때와는 다르게 공기도 오염되고, 산업발달로 인해 생활하는 모든 환경이 달라졌다. 문명의 발달로 인해 아이들이 뛰놀 수 있는 공간도 많은 제약을 받게 된 현실이다. 나 어릴 적에는 운동장에서 마음껏 뛰놀면서 공부할 수 있었다. 가을 운동회, 체력단련도 하곤 했으니 말이다. 수업 끝나면 운동장으로 나가서 뛰놀기 바빴다. 우리는 여자, 남자 상관없이 함께 축구, 발야구도 했다. 어른이 되어서도 학창 시절은 언제나 그리운 듯하다. 지금의 아이들은 내가 했던 운동회의 느낌을 알기나 할까. 우리 아이들은 오로지 공부에만 집중하고 있으니 말이다. 사회 분위기 또한 무시할 수 없는 듯하다.

나는 아이의 뇌 교육을 통해 부모도 바뀌어야 한다는 것을 깨달았다. 뇌 교육은 우리가 알고 있는 학원이랑은 다르다. 뇌 교육은 간단히 말하면 뇌에 변화를 주는 것이다. 여기서 배우는 것은 공부가 먼저가 아니라 내가 주인이 되는 것이다. 나 자신을 내가 바라보는 것이다. 그로 인해 아들은 집중력도 향상되었고 자신감도 생겼다. 또한, 남을 배려하는 마음도 알게 되었다.

김정운 박사는 잘 노는 사람이 창의적인 인재가 될 수 있다고 말한다.

"잘 노는 사람은 타인의 마음을 잘 헤아려 읽는다. 따라서 말귀를 잘 알아듣는다. 그리고 잘 노는 사람은 가상 상황에 익숙하다. 놀이는 항상 가상 상황에 대한 상상력을 필요로 하기 때문이다. 잘 노는 사람은 자신을 돌이켜 보는 데도 매우 능숙하다. 나를 객관화시켜 바라보는 능력은 또 하나의 가상 상황에 나를 세워놓은 일이기 때문이다. 결국 잘 노는 사람이 행복하고 잘 살게 되어 있다. 그래서 우린 잘 놀아야 한다. 놀이의 본질은 상상력이기 때문이다."

어느 날 아들은 내게 와서 같이 갈 데가 있다고 했다. 금방 다녀오면 된다고 하면서 나를 끌고 갔다. 집 앞에 생긴 보드게임을 하는 곳이었다. 아이는 보드게임을 하고 싶었던 것이다. 아들은 엄마, 아빠에게 물어보지도 않고 하고 싶은 마음에 먼저 등록하려고 했으나 부모님이랑 오셔야 한다는 이야기에 내게 설명도 없이 끌고 간 것이다. 나는 아이에게 보드게임에 대해 말해준 적이 없다. 아이가 학교를 입학하면서 방과 후 수업에서 보드게임을 접했고 흥미를 느낀 것이다. 나는 항상 아이보다 정보에 늦은 엄마였다. 내게 1순위는 항상 회사가 먼저였으니 말이다. 왜 그렇게 살아왔는지 이해되질 않을 것이다. 가난한 삶에서 벗어나고자 열심히 살아왔는데 나의 미래가 불투명해 보여 더더욱 그랬던 것 같다. 돈 없는 서러움을 어릴 때부터 겪다 보니 빨리 부의 여유를 느끼고 싶었던 것 같다.

우리 아이들은 놀이보다는 달달 외우는 교육에 익숙해져 있다. 과거와 달리 공부하는 방법도 변하고 있다. 하지만 성적 위주의 공부는 여전히 존재한다. 당신은 아이와 놀이할 때 중점을 어디에 두는가? 놀이를 통해 아이가 하나라도 더 배우기를 원하지 않는지 생각해보자. 아이의 놀이는 즐겁게 즐길 수 있는 놀이어야 한다. 공부의 놀이가 아니라 아이의 생각을 깨우쳐주는 놀이가 아이의 두뇌 회전에도 좋을 뿐만 아니라 감정 조절에도 영향을 끼친다.

아들은 종종 놀아달라고 한다. 그럴 때 아이가 가져오는 놀이 도구들이 있다. 스머프 사다리 놀이, 보드게임, 윷놀이, 오목 등이 있다. 아이는 게임 방법을 알지만, 엄마인 나는 게임 방법을 모르는 게 과반수다. 오히려 나는 아이에게 배운다. 처음에는 억지로 시작하더라도 아이와 즐겁게 게임하면 나는 스트레스가 해소되고 있음을 느낀다. 아이도 같은 감정을 느낀다고 생각된다. 그동안 엄마, 아빠에게 하고 싶어도 하지 못했던 말, 속상한 일, 바라는 것을 어느 순간 아이는 놀이를 통해 말하기도 한다. 아이와 함께 충분한 놀이를 통해 감정 조절하는 습관을 기르도록 하자.

아이는 친구와 다투거나 자신의 마음에 들지 않으면 흥분하거나 소리를 지르기도 한다. 아이의 문제라기보다 충분히 놀아 보지 않아 분노 조절의 어려움을 겪는 것이다. 엄마, 아빠는 아이와 함께 놀이를 즐기다 보면 아이의 감정이 오르락내리락하는 것을 볼 수 있다. 그럴 때마다 감정 기복이 심한 아이 탓만 할 게 아니다. 부모는 함께 하는 놀이를 통해 아이가 감정 조절하는 법을 터득하게 해주면 된다. 감정 조절은 아이의 인생에서 갖추어야 할 덕목이다. 아이 스스로 감정을 조절하고 통제할 수 있는 능력을 갖추도록 부모의 관심이 필요하다.

03 아이 스스로 자기 일을 하게 하라

루소는 『에밀』에서 어린 시절부터 고통을 경험하게 하라고 조언한다.

"우선 잠자리가 불편한 곳에서 자는 습관을 들여라. 딱딱한 마루에서 자는 습관이 붙은 사람은 어떠한 곳에서도 잘 수 있다. 가장 좋은 잠자리란 잠을 잘 잘 수 있는 곳이다."

자녀를 과잉보호하는 부모들에게 경고성의 말이다. 아이가 태어나면 부모들은 하나부터 열 가지 모든 것을 아이에게 맞춘다. 부모들은 아이 스스로 할 수 있는 일조차 모든 것을 해결해주려고 한다. 아이가 혼자 옷을 입을 수 있는데도 기다리지 못하고 도움을 준다. 그런 일이 자주 발생하다 보면 아이는 스스로 할 수 있는데도 부모에게 의존하게 된다. 아들은 어릴 때부터 할머니, 할아버지 품속에서 성장했다. 그래서일까. 혼자서 할 수 있는데도 할머니에게 의존하는 경향이 있다. 어릴 때의 습관이 성장해서도 순간순간 나오더라. 아이 스스로 할 수 있는 것은 혼자할 수 있도록 격려를 해주자.

요즘은 출산율이 저조하다는 이야기를 뉴스를 통해 듣게 된다. 사회 문제가 아닐 수 없다. 지금은 괜찮다고 할지라도 시간이 지나면 지날수록 국가 경제에도 영향을 끼친다. 과거에는 아이들의 웃음소리가 끊이지 않았다고 하지만, 지금은 아이의 울음소리조차 듣기 쉽지 않다. 그만큼 아이를 출산하는 부부가 줄어든 것이다. 이렇다 보니 부모들은 내 아이에게 모든 것을 쏟아 붓게 되는 셈이다. 과연 이것이 올바른 교육인지는 생각해봐야 할 것이다.

나는 고등학교 때 독립했다. 어쩔 수 없는 상황이었다. 나는 성인이 되어서도 부모님께 의존하는 것은 아니라고 생각한다. 부모님도 부모의 인생을 살아가야 하지 않을까. 나는 언론에서 취업률이 저조하다는 이야기를 들을 때마다 부모들을 먼저 떠올리게 된다. 현실을 돌이켜보면 자식들만 탓할 게 아니다. 자식을 키운 부모의 잘못도 있다. 아이의 미래를 생각하지 않고 무조건 아이가 바라는 걸 들어줬기 때문이다. 모두 좋은 직장에만 입사하려고 하니 취업이 어려운 것이다. 대기업에서 채용하는 인원은 한정되어 있는데 말이다. 그렇다면 주위에 눈을 돌려야 하는데 그렇지 않으니 더 문제인 것이다. 정작 자기가 원하는 회사에 입사했다고 하더라도 얼마 지나지 않아 그만두는 일도 허다하다. 부모들은 얼마나 속상하고 답답할까. 아이에게 가장 많은 영향을 끼치는 것은 부모다.

나는 결혼하면 자기 일은 스스로 할 수 있는 아이로 키워야지 생각했다. 하지만 막상 결혼하고 아이를 키워보니 내 마음대로 되지 않더라. 아이보다는 내 감정이 먼저 앞서고, 아이보다는 내 삶이 먼저였다. 나는 일을 우선시했다. 이런 일로 인해 아이는 엄마보다 할머니를 더 좋아했다. 지금도 여전히 할머니를 걱정하고 할머니를 찾는다. 나는 아들 스스로 본인의 꿈을 찾아 자기가 원하는 삶을 살기를 바란다. 아이는 축구 선수가 되는 것이 꿈이다. 이 꿈도 우리 부부가 심어준 게 아니라 아이 스스로 축구하다 보니 축구가 좋아진 듯하다. 부모로서 지켜볼 뿐이다. 아직 어리지 않은가. 성장하면서 새로운 꿈이 탄생될 수도 있으니 말이다.

내가 10여 년 전 직장 다닐 때의 일이다. 회사 규모가 커져 인원 충원이 필요했다. 나 혼자 경리 업무, 생산관리 업무 2개를 다 하기에는 무리가 있었다. 나의 업무를 보조할 직원 1명을 면접을 통해서 채용했다. 하지만 생각처럼 신입생을 가르치는 것이 쉽지 않았다. 인내심도 필요했고, 감정조절도 필요했다. 한 달 동안 똑같은 설명을 앵무새처럼 이야기해줬으니 말이다. 한동안은 사회생활이 처음이라 그러려니 나 자신을 위로했다. 그러나 도통 발전되는 모습이 보이지 않았다. 오히려 사고 뒷수습마저 해야 하니 업무만 가중되는 것이었다. 부가세 신고 기간으로 장부 확인하는 순간 뚜껑이 열렸다. 3개월분을 처음부터 다시 해야 할 정도로 엉망진창이었다. 그날 나는 신입 직원을 불러 야단을 쳤다. 한동안 꾹꾹 누르면서 좋게 말했는데 그날은 도저히 참을 수가 없었다. 어려서 그랬는지 철이 없어서인지 자기가 무엇을 잘못했는지도 모르더라. 한숨만 나왔다. 그날 나는 과장님과 함께 퇴근했다. 전철 타고 이야기하면서 가는 중에 과장님 전화벨이 울렸다. 그 전화는 신입 직원 엄마였다. 그 직원은 퇴근 후 집에 가서 나에게 야단맞은 일을 엄마에게 이야기했다. 그 이야기를 들은 엄마가 전화를 한 것이다. 그 직원은 본인이 사고 친 내용에 대해서는 일언반구도 엄마한테 말하지 않았다. 전화를 끊고 우리 둘은 서로 한동안 멍하니 쳐다만 봤다. 고등학생 3학년이면 자기가 생각하고 자기가 판단할 나이는 되지 않는가. 주위에서만 듣던 이야기를 막상 겪어보니 어처구니가 없었다.

과연 이런 아이가 자신의 인생을 주도적으로 이끌고 다른 사람과 바람직한 인간관계를 유지할 수 있다고 생각하는가. 내 아이의 일상생활을 통해 올바른 인성 교육을 시키기 위해서는 부모의 노력이 중요하다. 아이가 스스로 할 수 있는 일에도 부모가 모든 것을 해결해주려고 한다면 내 아이도 그 신입 직원이랑 다를 바 없게 된다. 무조건 공부만 1등 하는 아이보다 항상 자신감 있게 행동하고 다른 아이들의 모범이 되는 아이로 성장하기를 원한다면 부모의 올바른 가치관이 동반되어야 할 것이다.

우리 집으로 여동생이랑 조카들이 놀러 온 적이 있다. 남편이랑 나는 장을 보러 가고 동생은 집에 있으라고 했다. 아들이랑 조카들 모두 모이면 사내아이 4명이다. 사내아이들이다 보니 집에만 있을 리가 없지 않겠는가. 이놈들이 아파트 놀이터로 나가서 놀았다. 한 남자아이가 아들이랑 조카 1명에게 시비를 걸었다고 한다. 시비 건 아이는 미끄럼틀에서 놀고 있는 아들, 조카를 내려가지 못하게 막으면서 아들의 가슴을 쳤다고 한다. 아들이랑 동갑인 조카는 그 아이에게 "왜 내 친구 때려?"라고 따졌다고 한다. 그러자 시비를 건 아이가 조카를 밀쳤고 그 모습을 지켜보던 큰 조카가 동생을 지키기 위해 나섰다고 한다. 동생들을 보호하고자 한 큰 형의 행동이었던 것이다. 우리 주위에서 흔하게 일어나는 일이다. 서로 자신들의 잘못을 인정하고 사과하면 끝날 일이다. 하지만 그렇게 하지 않는 아이들이 대부분이다. 결국에 부모들을 집합시키고 일단락이 된다. 양쪽의 엄마들은 아이들의 이야기를 듣고, 아이들은 서로의 잘못은 인정하고 동시에 화해를 했다.

일상에서 아이가 스스로 할 수 있는 일들은 많다. 예를 들면, 아이가 가지고 놀던 장난감 정리, 읽던 책 정리하기, 유치원을 다녀오면 손 씻기, 가방을 제자리에 놓기, 식사 시간이 되면 수저 놓기 등이 있다. 아이가 스스로 잘한 일에 대해서는 칭찬과 보상을 하라. 아이 스스로 하는 일에는 시간이 필요하다는 것을 잊지 말자. 아이에게 빨리 하라고 재촉하면 안 된다. 아이가 무엇을 먼저 할지에 대해 생각할 수 있는 시간의 자유를 주도록 하자. 부모는 아이 앞에서 모범을 보여야 한다. 말하지 않아도 스스로 해결하는 아이는 부모의 사소한 습관이 만드는 것이다. 그동안 부모가 해주던 일을 멈추고 아이 스스로 할 수 있도록 하자. 즉, 밥 위에 반찬을 올려주고, 양치해주고, 옷 입혀주던 일 등, 사소한 일들은 아이가 할 수 있을 것이다. 아이는 사소한 일상경험을 통해 스스로 할 수 있다는 자신감을 키우게 될 것이다.

다르게 생각하는 아이, 다르게 생각하는 엄마

스스로 공부하게 만드는 엄마의 말

"부모와 아이 사이에 오가는 말은 "숙제해라", "공부해라", "게임 그만해라" 식의 '명령'이 대부분이다. 아이든 어른이든 다른 사람에게 명령받는 것을 싫어한다. 명령에 따르는 것은 타인이 시켜서 억지로 하는 행동이기 때문이다. 따라서 명령에 따르도록 하기보다는 스스로 알아서 하게 해야 한다.

어떻게 하면 아이 스스로 움직일까? 아이에게 '물음꼴'로 말을 건네면 큰 효과가 있을 것이다. "숙제 할 거야, 안 할 거야?" 같은 말은 물음꼴이지만 내용은 명령문이다. 어차피 'No'라는 대답을 하면 안 된다. 따라서 필연적으로 'Yes' 혹은 'No'라는 대답이 나오는 '닫힌 질문'은 피해야만 한다. "숙제 할 거야, 안 할 거야?" 대신 "숙제는 언제 할 거야?"라고 묻는다. 그러면 숙제 따윈 관심두지 않았던 아이도 숙제가 있다는 사실을 떠올리며 언제 할 것인지 생각하게 된다."

– 가와무라 교코, 『스스로 공부하게 만드는 엄마의 말』

04 혼자 생각하는 시간을 가지게 하라

나는 어릴 때부터 혼자 지내는 시간이 많았다. 시골은 서울과 달리 구경거리가 많지 않다. 오히려 집에 있는 시간이 더 편하기도 하다. 시골의 부모님들은 농사일로 바쁘시다. 사계절 농사를 지어야 하니까 말이다. 겨울이라고 집에 계시지는 않는다. 문명의 발달로 현재의 시골 풍경도 많이 달라졌다. 나는 집에만 있기 답답하면 논두렁으로 나가 개구리를 잡고, 올챙이를 구경하거나 장난치고, 메뚜기도 잡곤 했다. 가끔은 동네 아이들이랑 공기놀이, 고무줄놀이, 딱지치기, 구슬치기 놀이를 하며 남녀 구분 없이 함께 어울렸다. 4차 산업혁명시대를 살아가는 현대인들에게는 너무 먼 나라 이야기일 수도 있다. 21세기를 살아가는 우리 아이들에게는 상상의 나라 이야기로 들릴지도 모르겠다.

나는 여섯 살 때 빨래도 했다. 지금이야 세탁기가 있으니 얼마나 편안한

가. 그 시절은 세탁기가 아니라 개울가에 가서 빨래하던 시절이다. 믿는 사람이 있을까? 엄마와 아빠의 잦은 다툼으로 인해 엄마가 자주 집을 비웠다. 그럴 때마다 나는 어린 여동생의 기저귀를 빨아야 했다. 그 당시는 지금처럼 보일러가 있는 시대가 아니었다. 아궁이에 불을 피우던 시절이다. '집에서 하면 되지 왜 밖에서 해?'라고 의문을 가질 수도 있을 듯하다. 역사 드라마를 보면 아낙네들이 냇가에서 빨래하는 모습을 방영해준다. 그와 비슷하다고 생각하면 쉽게 이해가 될 것이다.

나는 친척 언니 집으로 놀러 간 적이 있다. 그때 언니가 미용을 배우는 중이었는지 미용사였는지 기억은 잘 나지 않는다. 나의 머리카락이 허리까지 내려올 정도로 길었다. 언니가 나를 보더니 예쁘게 손질해주겠다고 했다. 부모의 허락도 없이 나는 "네." 대답했다. 언니는 다시 질문했다.

"커트로 해줄까? 단발로 해줄까?"

그때 나는 커트가 무엇인지 단발이 무엇인지 알 수 없던 꼬마 숙녀였다. 순진하게 나는 '커트'라는 두 단어 발음이 세련되게 들려 "커트로 해주세요."라고 말했다. 그 후론 나는 짧은 머리를 두 번 다시 하지 않았다. 내가 원했던 머리는 세련된 긴 머리 스타일이었으니까.

나는 공부하고 싶은 마음에 언니네 집에 자주 놀러 갔다. 공부하는 언니들의 모습을 보고 공부하고 싶은 욕망이 생겼었나 보다. 언니한테 나도 공부하고 싶다고 가르쳐 달라고 했다. 그 당시 내가 배웠던 것은 구구단이었다. 아무것도 모르던 내가 새로운 것을 배우니 즐겁기만 했다. 구구단 외우기 숙제를 내주면 혼나지 않기 위해 열심히 달달 외우기도 했다. 한 개 틀리면 한 대씩 맞는 거였으니 말이다. 그때는 회초리로 맞기도 했는데 지금이라면 난리가 날 일이다. 나는 공부하면서 혼자 생각할 수 있는 시간을 보내는 게 오히려 편안했다. 누구의 방해도 받지 않고 오로지 나의 공부에 집중할 수 있었으니까 말이다.

나는 주말이면 항상 집에서 휴식을 취하곤 했다. 17살 때부터 학생 신분이면서 직장인이었다. 나는 하루하루가 긴박한 삶 속에서 살아가던 어린 소녀였다. 또래 아이들은 아침에 학교 가고 오후에 학원을 갔지만, 나는 아침에 출근하고 오후에 학교 갔다. 그때는 돈을 벌 수 있다는 즐거움이 있어 힘든 줄 모르고 지냈던 듯하다. 나는 혼자 지내는 시간이 많았다. 혼자 있으면 아무 생각도 들지 않았고 오롯이 나를 되돌아보는 계기가 되어 좋았다. 누구의 방해도 없이 나에게 집중할 수 있는 시간이 되니까 말이다. 때로는 공부하다 지치고 힘들면 울기도 했다. 가끔은 내가 너무 외톨이처럼 지내는 건 아닌지 걱정이 들기도 했다. 친한 친구에게 배신당하고 난 후로는 사람을 만나는 게 겁이 나기도 했다. 그래서 집 밖을 잘 나가지 않았을지도. 나는 자취방에서 TV 보면서 있는 게 마음이 편했다. 나가면 다 돈이었으니 그랬을지도 모른다. 20대이면 청춘이라고 하질 않는가. 그런 말조차 나에게는 사치였다. 여고 시절부터 이미 돈의 노예가 되었으니 말이다. 어릴 적부터 가난하게 살아가는 것이 너무 싫었다. 지금도 마찬가지다. 가난한 삶에서 벗어나고자 아등바등 살아왔기 때문이다.

혼자만의 시간은 복잡한 머릿속을 정리하기에는 딱 좋다. 머리가 터질 듯이 아프면 옆에 누군가가 있는 것조차 걸리적거린다. 오히려 싸움이 나기도 하니까 말이다. 나는 혼자에 익숙했던 사람이다. 17살부터 가족들과 떨어져 지내다 보니 오히려 혼자가 더 편했을지도 모른다. 기숙사 생활도 2년을 지내다 너무 답답해서 뛰쳐나왔을 정도였다. 졸업하기 전까지는 기숙사를 나올 수가 없었다. 내가 계속 기숙사 생활을 했다면 답답해서 미쳤을지도 모른다. 선생님의 도움으로 기숙사에서 벗어날 수 있었다. 나는 그때의 해방감을 말로 표현할 수 없다. 무슨 생각으로 그런 행동을 했는지 지금도 이해는 안 된다. 그렇다고 후회하지도 않는다. 그 경험으로 나는 새로운 것에 도전하는데 거리낌 없이 시작했으니 말이다.

나는 아이가 나와는 다른 삶을 살아가기를 바란다. 아이가 하고 싶은 것을 하면서 행복하게 살아갔으면 하는 것이 엄마의 바람이다. 나보다는 더 나은 삶을 살기를 바란다. 아들은 방안에서 문 닫아놓고 혼자의 시간을 자주 즐긴다. 나는 아이 몰래 문을 살짝 열어서 본다. 아이는 혼자서 보드게임을 하거나 그림을 그리고 다양한 놀이 기구로 혼자만의 세계에서 논다. 아이는 기분이 우울하거나 짜증나면 혼자만의 시간을 종종 가진다. 한번은 아이의 기분을 달래고자 방으로 들어갔다가 쫓겨났다. 신경 쓰지 말라는 것이었다. 이럴 때 엄마는 속상하다. 나는 아이도 혼자 생각할 수 있는 시간이 필요하여 그러는 거라 위안을 삼는다.

아들은 혼자의 시간을 자주 가진다. 외동이라 혼자에 익숙해져서 그럴지도 모른다고 생각한다. 하지만 아이는 혼자 노는 것이 아니다. 아이가 노는 모습을 지켜보면 여러 명과 함께 있는 착각이 들 정도다. 아들은 친구들 여러 명과 함께 게임하는 듯 놀이를 한다. 혼자만의 놀이를 통해 아이는 사색을 즐기는 듯하다. 이럴 때 방해하면 아이는 성질내거나 화낸다. 아이가 혼자 시간을 가지기를 원한다면 간섭하지 말고 조용히 지켜봐줘야 한다. 어른들도 혼자만의 시간을 통해 생각을 정리하지 않는가? 아이도 똑같을 것이다. 아이도 혼자만의 시간을 통해 본인의 생각을 정리하는 듯하다.

혼자 생각하는 시간을 자주 가짐으로써 나 자신을 되돌아보는 계기가 될 수 있다. 아이의 인생도 있고 부모의 인생도 있다. 각자의 인생에서 모두가 행복해지는 삶을 찾기를 바란다. 엄마가 행복해야 아이도 행복하다. 나는 아이에게 화만 내던 엄마였다. 혼자 생각하는 시간을 통해 감정을 조절할 수도 있다. 여럿이 함께 있다 보면 오로지 나만의 생각을 할 수가 없다. 여러 가지의 걸림돌이 있으니 말이다. 조용한 공간에서 나를 위한 나만 생각할 수 있는 시간을 갖도록 하자. 아이도 스스로 생각하고 결정할 수 있는 혼자만의 시간을 갖도록 해줘라. 모든 활동을 아이와 함께 하는 부모는 아이에게 자유의 시간을 통제하려고 하는 것이 아닌지 한 번쯤 생각해보자. 아이 스스로 주도적으로 놀이를 할 때 아이의 생각 주머니는 점점 커지게 된다고 한다.

05 호기심이 많은 아이는 배움을 즐긴다

호기심의 사전적 의미는 어떤 것의 존재나 이유에 대해 궁금해하고, 알려고 하며, 숙고하는 태도나 성향 또는 항상 생동감 있게 주변의 사물에 대해 의문을 갖고 끊임없이 질문을 제기하는 태도나 성향을 말한다. 호기심이 있는 사람은 주변의 현상에 대해서 '왜 그럴까?' 또는 '무슨 일일까?' 하는 질문을 의식적으로 제기하고, 그 질문에 대한 답을 찾으려고 한다. 호기심은 자발적으로 지식을 습득하고, 사고하고, 행동하는 데 많은 영향을 미친다.

나는 무엇을 배워야겠다고 생각하면 그냥 돌진하는 스타일이다. 나는 좋을지 나쁠지 생각하지 않고 행동하는 성격이다. 무엇이든지 배우면 좋다고 생각했던 시절이 있었다. 배움에는 시간이 기다려주지 않는다고 생각했다. 나는 어릴 때부터 공부에 욕심이 많았다. 남들에게 지고 싶지 않았던 듯하다. 하고 싶어도 하지 못해서 더 그럴 수도 있다고 생각된다. 나의 잠재의식 속에 불만으로 쌓여 있어 더욱더 그랬을지도 모를 일이다. 야간고등학교를 다닐 때도 친구들은 외모에 신경 썼지만 나는 그 돈으로 배움에 투자했던 기억이 난다. 내가 제일 먼저 배운 것은 컴퓨터였다. 아래아 한글부터 시작했다. 학교에서 타자를 배워 컴퓨터 자판 외우는 것은 식은 죽 먹기였다.

어렸을 때 피아노를 배우고 싶었으나 가정 형편상 포기하고 주산을 배웠다. 어렸을 때 배운 주산은 고등학교 때 주산 시험 성적에 좋은 영향을 끼쳤다. 호기심이 많다고 해야 하나 아무 생각이 없다고 해야 하나. 나는 새로운 것을 배우는 것을 두려워하지 않았다. 배워두면 나의 인생에 도움이 될 거라 믿었다. 직장인들은 어느 순간 직장인의 삶에 대한 권태기가 오지 않나? 한때 나도 그랬다. 나는 권태기를 극복하고자 배움에 투자를 한 것이다. 귀가 얇다고 해야 하나? 아무튼 난 새로운 도전에 서슴없었다. 속기에도 도전했다. 국회의사당에 진출하겠다는 생각으로 시작하였으나 IMF가 터지면서 흐지부지된 셈이다. 배우는 것에는 거리낌 없이 도전은 잘하는데 항상 실속은 없었다. 그럼에도 불구하고 나를 위한 투자라고 생각했다. 취업에도 도움이 될 거라는 막연한 생각을 한 듯하다. 현실과는 동떨어진 생각인 줄도 몰랐던 것이다.

나는 자취 생활을 했기 때문에 나 스스로 모든 것을 해결해야 했다. 내 인생은 내가 해결해야 한다는 생각을 어릴 때부터 했다. 무조건 돈 많이 벌어 부자가 되어야만 한다고 생각했다. 지금 생각하면 웃음만 나온다. 어린 나이에 무슨 호기로 그런 것인지 말이다. 내가 호기심이 많았던 것인지, 도전 정신이 투철했던 것인지 모를 일이다. 새로운 것에 도전하는 것이 언제나 즐거웠다.

나는 아이에게도 똑같이 하는 듯하다. 나는 내가 하고 싶은 걸 하지 못했으니 아이가 하고자 하면 다 해주고 싶었다. 아이는 미술을 좋아했다. 처음에는 미술학원을 보내고자 했으나 아이가 약하다 보니 운동을 먼저 시켰다. 태권도를 시작한 후 어느 정도 익숙해질 때 미술을 시켰다. 아이는 그림 그리는 것을 좋아했다. 미술을 하는 아이들은 상상의 나래를 마음껏 펼치는 듯하다. 엄마인 나도 이해할 수 없는 그림을 그릴 때가 있으니 말이다. 아이가 상상하면 상상할수록 창의적인 생각이 커지는 것이다.

지금도 나는 무언가를 배워야겠다고 생각하면 지르는 스타일이다. 나는 '한번 해보자.'라고 마음먹는 순간 앞뒤도 생각하지 않고 전진하는 성격이다. 그러다 보면 손해도 본다. 하지만 나는 값진 경험이라고 생각한다. 그동안 참 많은 것에 도전하기도 했다. 컴퓨터, 속기, 요리학원, 세무회계, 주식 등을 배우기도 했다. 최근에는 책 쓰기에 도전했다. 배움에는 나이 제한이 없다고 하지 않는가. 그동안 나는 직장인으로 열심히 살았던 사람이다. 바보같이 회사에 충성한 사람이었다. 그들이 나의 피를 쪽쪽 빨아 먹는 줄도 모르고, 나의 몸이 망가지는 것도 모르면서 일했던 것이다. 나의 꿈이 무엇인지도 모르고 돈만 보고 앞으로만 달렸던 것이다.

나는 하나뿐인 아이가 나와 같은 직장인으로서 노예의 삶을 살기를 바라지 않는다. 4차 산업시대에는 직장인의 삶보다는 본인이 주인이 되어 주도적인 삶을 살아가기를 바란다. 점점 사람이 일할 수 있는 공간은 줄어들 것이고 로봇이 인간의 업무를 대체할 것이다. 그렇기 때문에 아이는 상상력, 창의성, 사고력을 키워야 한다. 아이가 호기심을 키워 배움의 길을 놓지 않기를 바란다. 최근 코로나 19로 인해 뇌 교육에서도 화상 수업을 하는 중이다. 이처럼 점점 문명은 발달할 것이다. 이제는 인터넷 즉 핸드폰 하나만 있으면 모든 것이 해결 가능한 시대이다.

나는 아이가 학교 가서 공부하더라도 암기 위주의 주입식 교육이 아니라 스스로 질문하고 답을 찾아가는 공부하기를 바란다. 정해진 답만 외우다 보면 아이의 생각하는 창의성이 점점 작아질 것이기 때문이다. 수업시간에 아이들은 선생님에게 질문하지 않는다고 한다. 오히려 질문하는 아이를 이상하게 볼 정도라고 하니 말이다. 공부를 잘하는 아이들은 그만큼 노력했을 것이다. 우리 아이들에게 노력뿐만 아니라 호기심을 발전시키고 창의적인 사고를 키워주자. 아이들은 호기심을 해결하고자 끝없는 질문을 할 것이고, 답을 찾고자 노력할 것이다. 호기심이 많은 아이는 주제에 관련된 책을 찾아 읽거나 인터넷 검색을 통해 자신의 궁금증을 해결할 것이다.

아이들은 다채로운 경험을 하면서 창의적인 사고력을 키우게 된다. 하지만 아이들은 영양가 없는 인스턴트 식품을 먹듯이 TV 영상, 게임 등에 무방비 상태로 노출되어 있다. 나는 아들의 핸드폰 게임을 줄이고자 뇌 교육에서 진행하는 일지 영재들만 진행하는 프로젝트 수업에 참여시켰다. 프로젝트의 취지는 나와 민족과 인류를 살리는 지구경영자라는 중심 가치를 가지고 자신의 한계 극복을 체험한 아이들이 현실 속에서 문제를 찾아내고, 해결 방안을 기획하고, 팀원끼리 조사, 탐구하면서 문제를 해결하는 것이다. 이를 통해 미래가 원하는 6C역량(비판적 사고, 콘텐츠, 자신감, 창의적 혁신, 협력, 소통)을 갖추고 긍정적인 영향력을 끼치는 미래의 인재로 성장할 수 있도록 도와주는 수업이다. 이 수업은 일지 영재 아이들끼리 팀을 구성하여 과제를 수행하는 것이다. 팀원들 간의 협동심, 조화로움, 창의적인 아이디어도 필요하다. 자연스럽게 아이들은 과제를 수행하기 위해 호기심이 생길 것이고, 호기심을 해결하고자 아이들은 발품을 팔거나 여러 가지의 정보를 찾아볼 것이다. 그로 인해 다양한 아이디어가 떠오를 것이고, 서로의 질문을 통해 생산적인 이야기를 할 것이다. 이런 경험을 통해 올바른 배움의 지혜를 깨우칠 것이다.

『틀 밖에서 놀게 하라』를 쓴 김경희 저자는 아이의 호기심을 자극하는 부모의 4가지 행동에 대해서 이야기한다.

“첫째, 매일 자기 전 그날 새로 배운 것 3가지를 적게 하고, 어제보다 나아진 오늘의 아이를 칭찬해주세요.

둘째, 어떤 상황에서도 질문을 망설이지 않고, 늘 질문하는 법을 연습하게 해주세요.

셋째, 익숙해진 것에서 떨어져서 새로운 방식을 선택하는 것이 좋습니다. 다음과 같은 방법이 도움이 됩니다. 오른손잡이라면 왼손을, 왼손잡이라면, 오른손을 사용해서 그림을 그리거나 글씨를 써보게 하세요. 새로운 것을 배울 수 있는 강연장, 토론장, 행사장을 자주 경험하게 해주세요.

넷째, 자연을 탐구하게 해주세요. 자연을 이해하고 자연을 친해지는 과정은 아이의 호기심에 큰 도움이 됩니다.”

다르게 생각하는 아이, 다르게 생각하는 엄마

상상력의 중요성

"지식보다 중요한 것은 상상력이다." - 알베르트 아인슈타인

"상상력은 인간의 근원적인 능력의 하나다. 상상에 의해 우리는 현실의 여러 질곡을 떠나 의식 세계에서 무한한 자유를 누리게 된다." - 토마스 모어

"마이크로소프트의 유일한 공장 자산은 인간의 상상력이다." - 빌 게이츠

"요즘같이 인터넷으로 거미줄처럼 연결된 세상에서 가장 중요한 경제적 경쟁 요소는 더 이상 국가 간이나 회사 간 경쟁이 아니다. 어떤 개인과 그 사람이 갖는 상상력이 가장 중요한 경쟁 요소다. 요즘 아이들이 뭔가를 상상하면 이전에는 상상할 수 없을 정도로 빠르고, 싸게 실행할 수 있다. 오늘날 모든 것이 일용품화 되어 가는 세상에서 쉽게 얻을 수 없는 단 한 가지가 바로 상상력이다."

- 토머스 프리드먼(〈뉴욕 타임스〉 칼럼니스트)

06 틀 밖에서 놀게 하라

나는 어렸을 때 논, 밭, 산으로 뛰어다니며 놀았다. 아들은 이런 경험을 할 수가 없다. 사방이 온통 시멘트 건물로 막혀 있으니 말이다. 시골에 내려가도 내가 지낸 시절과는 달라도 너무 달라졌다. 집들도 현대식으로 새로 짓거나 리모델링했으니 말이다. 21세기를 살아가는 우리 아이들은 틀 안에 갇혀 생활하고 있다. 매일 정해진 시간을 알려주는 시계처럼 반복적인 일상을 보낸다. 당연히 학생이라 그래야 한다고 생각할지도 모른다. 학생 신분일지라도 학교 수업 이외에도 학원 수업에 많은 시간과 에너지를 소비하고 있는 아이들이다.

아들은 올해 중학교에 입학한다. 하지만 코로나로 인해 입학식은 물 건너갔고 입학식 없이 4월 16일부터 온라인 수업을 한다고 한다. 코로나로 인해 하나뿐인 아들 졸업식도 가지 못했다. 입학식도 마찬가지다. 빨리 지나갔으면 좋겠다. 온 세상이 뒤죽박죽이다. 이 시기에도 아이들은 여전히 학원으로 수강하러 간다. 고3인 아이들은 더욱더 초조할 것이다. 학교 수업은 진행이 안 될지라도 학원에서는 진도가 나가고 있다. 학원이 휴원했다고 해서 아이들이 집에 있지 않다는 언론 보도를 들었다. PC방에서 게임을 하면서 시간을 보낸다고 한다. 얼마나 슬픈 현실인가. 그동안 아이들은 정해진 스케줄 속에서 생활하다 막상 자유가 주어지니 어떻게 시간을 보내야 할지 잘 모르는 것이다. 이 시간에 본인이 하고 싶은 공부를 하거나, 취미 활동을 하면 좋을 텐데 말이다. 공부의 압박을 받던 아이들이 빽빽한 스케줄로부터 자유를 얻었으나, 여유를 즐길 줄 모르는 아이들에겐 혼란이 온 듯하다. 그동안 아이들은 틀에 박힌 삶을 살았던 것이다. 나의 아들도 다르지 않다. 학교, 학원 다니다가 집에만 있으니 하루 종일 핸드폰으로 게임하고 유튜브 영상을 본다. 나는 독서의 중요성을 알기에 책을 읽으라고 말하지만 들은 척도 않는다.

그동안 나는 책을 완독, 정독한 사람이다. 하지만, 책 쓰기 수업을 통해 목차를 보고 발췌독을 해야 한다는 것을 알았다. 책은 당연히 한 권을 다 읽어야만 한다고 생각했으니 말이다. 보통 사람들 역시 나와 같은 생각일 것이다. 고정관념이라고 해야 하나. 틀에 박힌 사고방식으로 인생을 살아온 셈이다. 어릴 때부터 틀에 박힌 삶을 살아 더 그럴 수도 있다. 정해진 규칙에서 벗어나면 불량 청소년으로 낙인을 찍혀 선생님에게 혼나고 매 맞던 시절이다. 우리가 원하든, 원하지 않든 외부의 경험으로 무의식 속에 깊숙이 박혀 있는 것이다.

직장인들은 어떤가. 매일 똑같은 시간에 출근하지 않는가. 지하철로 출근할 때마다 일탈을 꿈꾸기도 했다. 하지만 현실적으로 불가능했다. 생각만 했을 뿐이지 실천할 엄두도 내지 못했다. 지금은 탄력 근무제가 생겨 예전보다는 직장인들 삶의 여유가 있을 것이다. 소수의 직장인만 그럴 수도 있겠지만 말이다. 때로는 틀에 박힌 출근이 아닌 자유로운 출근 시간이 었으면 하는 상상을 하지 않는가. 한때 나도 그런 상상을 하곤 했다. 시대가 변함에 따라 탄력제 근무하는 회사도 증가하는 추세이다. 내가 직장 다닐 때는 정해진 근무시간 8시간. 하지만 매일 근무시간은 초과근무였다. 그때는 당연히 연장근무 하는 분위기였으니 말이다. 전 여직원에게 들었던 이야기다. 요즘은 칼 퇴근, 5일 근무 아니면 입사를 안 한다고 한다. 예전처럼 회사에 얽매이는 삶보다는 자신의 삶을 찾아가는 사람들이 늘어난 것이다. 한 회사에 대한 언론 보도를 본 적이 있다. 그 회사는 주 5일 근무와 함께 직원들의 탄력 근무제로 탈바꿈하였더니 회사 매출이 증가하였을 뿐만 아니라 직원들의 업무 향상도 늘었다고 한다. 각자 개인의 삶이 풍요로워지니 행복을 느끼게 되어 회사의 매출에도 영향을 준 것이다. 그들은 삶의 여유로 인해 아이디어가 샘솟았을 것이다. 그로 인해 회사 매출에 영향을 끼쳤던 것이다.

나도 한때는 내가 만들어놓은 틀에 갇혀 살아왔다. 당연히 그게 옳다고 느꼈으니 말이다. 하지만 나는 책 쓰기를 통해 내가 만들어놓은 틀을 깨고자 한다. 그 틀을 깨지 않았다면 나는 똑같은 일상을 살아가고 있을 것이다. 아침에 일어나 식사하고 일자리 알아보고 무의미하게 시간을 보내고 있을 테니 말이다. 독서도 자기계발 할 수 있는 도서를 읽어야 한다. 닭이 알을 낳고 그 알이 성장해서 병아리가 되고, 병아리는 닭이 되는 것처럼. 나는 내 안의 숨겨진 알을 깨고 나온 햇병아리였다. 직장 다니면서 월급 받는 생활이 최고인 줄 알았다. 우물 안 개구리였던 것이다.

부모도 다르지 않다. 세상이 만들어놓은 틀, 주위에서 만들어놓은 큰 틀을 깨고 나와야 한다. 그래야 내 아이의 미래를 제대로 바라볼 수 있다. '누구는 무엇을 배우고, 누구는 영재학원 다니고, 누구는 한자 몇 급 시험을 봤더라.'라는 이런 이야기는 아무 의미가 없다. 남의 이야기일 뿐이다. 내 자식의 이야기가 아니지 않나. 우리가 생각할 때는 시간이 엄청 길다고 느낀다. 하지만 시간은 순식간에 흘러간다. 지나고 나서 후회하면 무슨 소용 있는가. 나 또한 그랬다. 20대 시절로 돌아가면 더 잘할 수 있다는 생각을 하곤 했었다. 과연 그럴까. 지금도 못했는데 과거로 돌아간다고 제대로 하겠는가. 지나간 시간에 얽매이지 말고 현재와 미래를 위해 자신에게 투자하자.

우리 아이들은 배우는 공부를 하는 것이 아니라 교과서에 쓰여 있는 내용 그대로 암기하고, 성적 위주의 공부를 한다. 아이들은 오로지 좋은 대학에 입학하기 위해서 공부하고, 입학 후에는 좋은 회사에 취직하기 위해 취업 준비를 한다. 아이들의 인생은 오직 공부의 울타리 안에서 살아가는 셈이다. 아이들은 틀 밖에서 놀게 해야 한다. 과연 아이들을 틀 밖에서 놀게 하려면 어떻게 해야 할까. 공부를 놀이처럼 해야 할 것이다. 암기하는 공부가 아니라 자신의 삶을 주도적으로 이끌어나가기 위한 다양한 체험을 하는 것이다. 자신이 계획하고, 계획한 것을 실천해보고 부족한 점을 깨닫게 되면서 점점 발전해가는 것이다. 자신이 좋아하는 것을 배우다 보면 즐거움은 2배가 될 것이다. 아이는 행복하기 위해 꿈을 이루고자, 하고자 하는 일을 하려고 스스로 공부할 것이다. 틀에 박힌 공부가 아닌 호기심을 유발하는 공부를 하게 된다.

『북유럽 스타일 스칸디 육아법』에서 대럴드 트레퍼드 교수가 말한 내용이 있다.

"아이에게 무엇이 결여되었는지를 보지 말고 무엇이 있는지를 보라. 그러면 아이는 변할 것이다."

아이들에겐 많은 잠재력이 내재되어 있다고 한다. 아이들의 잠재능력을 꺼낼 수 있도록 하자. 스스로 생각할 수 있는 아이로 성장시키자. 부모가 바라는 아이의 미래가 아닌 아이가 원하는 미래를 꿈꾸게 하라.

07 인생에서 가장 힘이 되는 것은 생각의 힘이다

"생각은 우물을 파는 것과 같아서 처음에는 흐려져 있지만 차차 맑아진다."라는 중국 속담이 있다. 생각의 힘은 의문을 가지고 질문하는 데서 시작된다.

나는 학교 다닐 때 암기과목은 자신 있었다. 반면에 수학은 내가 싫어한 과목이다. 사회, 과학, 도덕 등 암기과목은 달달 외우기만 하면 됐다. 반면에 수학은 공식도 외워야 했고, 문제 의도를 파악하여 답을 찾아야 했다. 나는 수학을 잘하는 친구들이 부러웠다. 수학을 잘하는 아이들은 사고력이 좋다고 하셨다. 담임 선생님이셨던 수학 선생님은 사고력 즉, 생각의 힘을 키우기 위해서는 어려운 문제를 많이 풀고 응용하여 자신의 것으로 습득해야 한다고 하셨다. 그러나 나는 수학을 공부하면 할수록 미지의 세계로 빠졌다. 공부하면 할수록 수학이 점점 더 어려웠다. 응용해서

풀어야 하는 문제가 나오면 머리가 지끈지끈 아팠다. 나는 '수학은 어렵다.'라고 무의식중에 새겨놓은 듯하다.

아들은 학습지를 하다가 짜증 낸다. 수학 문제가 어렵다는 것이다. 문제가 잘못 출제되었다고 궁시렁거린다. 아들은 학습지를 빨리 끝내고 친구랑 놀고 싶은 것이다. 차근차근 생각하면서 문제를 풀면 될 것을 마음이 급하다 보니 문제가 제대로 눈에 들어오지 않는 것이다. 본인 생각대로 이해하고 풀어도 답이 나오지 않으니 문제가 잘못되었다고 우기는 것이다. 아이가 처음에 이런 행동을 보였을 때 진짜 문제가 잘못 출제된 줄 알았다. 하지만 학습지를 하는 동안 문제가 잘못된 적은 한 번도 없었다. 아들의 심술이었던 것이다. 이런 일이 반복되다 보니 나는 아들에게 천천히 문제를 다시 읽어보라고 다독인다. 풀리지 않는 문제를 계속 붙들고 있다고 해서 해결되지 않는다. 그런 경우에는 다음 문제로 넘어가는 것이 좋다. 신기하게도 다음 문제를 풀고 나면 좀 전에 풀리지 않던 문제도 해결하게 되는 경우가 있다. 조급했던 마음이 안정되면서 제대로 문제를 보게 되는 것이다.

유튜브 영상 〈왜 우리는 대학에 가야 하는가 5부 – 말문을 터라〉의 한 부분이다.

한 대학 강의실에서 교수가 수업을 마친 후 제자들에게 물었다.

"질문 있습니까? 질문 있으세요? 마지막으로 다시 한 번 물어보겠는데 질문 있으세요?"

재차 물었으나 역시 아무도 질문하지 않았다. 학생 2명에게 인터뷰를 진행했다. 그들에게 수업시간에 질문 안 하는 이유를 물어봤다. 이유인즉 다 같이 안 하는 분위기이고 자신한테 쏠리는 시선이 부담되고 질문으로 인해 수업 흐름에 방해가 될까 봐 질문하지 않는다는 것이었다.

미국 조지워싱턴대 폴 쉬프버만 로스쿨 강의실 수업은 우리 대학교 수업이랑 전혀 다른 분위기다. 교수가 말하는 시간은 짧다. 교수의 생각과 다르면 학생들은 아무런 망설임 없이 손을 들고 자기 의견에 대해 말한다. 강의실 안 여기저기서 제자들이 교수에게 질문하고 교수와도 거침없는 논쟁을 이어간다. 한 학생의 인터뷰 중 기억에 남는다. 본인은 배우고 싶어서 대학에 온 것이고 만약 본인이 뭔가를 이해한다고 느끼지 못하면 반드시 질문해서 자기가 이해할 때까지 노력한다고 말하는 것이었다.

한국의 한 대학교 강의 시간에 학생들의 반응을 살피기 위해 실험을 했다. 평소에 질문 안 하던 학생이 수업 중간에 교수에게 질문하는 것이다.

실험 학생이 질문을 계속 진행하자 관심도 없던 수강생들의 표정이 달라지는 것이었다. 이상하게 질문한 학생이 죄인이 되는 분위기이다. 수업 방해했다고 따가운 눈총을 주는 느낌이었다. 미국 워싱턴 대학교랑 우리 대학교의 수업 분위기가 달라도 너무 다르다.

미국은 교수와 제자 상관없이 서로의 질문으로 궁금증을 해결하고자 한다. 반면에 우리 대학 모습은 교수 혼자만의 강의 시간이다. 학생들은 열심히 필기만 하고 있으니 말이다. 오로지 교수 이야기에 집중할 뿐 그 누구도 질문하지 않는다.

생각의 힘을 키우기 위해서는 질문을 많이 해야 한다. 즉, 질문을 통해 생각하는 힘이 생기는 것이다. 질문 없는 수업은 혼자 떠드는 수업일 뿐이다. 즉 주입식 교육인 셈이다. 우리 아이들은 배우러 학교에 가는 것이지 필기를 하러 가는 게 아니다. 주입식 교육이 아닌 아이들과 소통하는 수업으로 탈바꿈되어야 한다. 암기 위주의 공부가 아니라 질문하고 토론하면서 자신이 느끼는 생각을 거리낌 없이 말할 수 있는 수업시간이 되어야 한다. 주도적으로 생각하기 위해서는 질문하는 노력이 필요하다. 누군가의 이야기를 들을 때도 경청하는 마음가짐으로 들어야 한다. 잘 들어야 질문도 할 수 있으니 말이다.

우리 교육의 현실이다. 수업시간에 진도 나가기 바쁘다. "조용히 해라.", "집중해라.", "너희들을 위한 것이다." 등 이런 이야기를 들으면서 성장해왔다. 우리는 자라면서 질문에 익숙지 않다. 질문하는 아이가 오히려 이상한 취급을 받으니 말이다. 나 어릴 때는 받아쓰기 점수가 낮으면 나머지 공부를 하곤 했다. 나머지 공부하는 아이는 공부를 못하는 아이로 찍혔다. 한때 나 자신이 모르는데도 다 아는 것처럼 한 적도 있다. 나중에 공부할 때는 이해 안 되니 패스하고 다른 것을 공부하기도 했다. 이것은 옳은 방법은 아니다. 미국 대학교 학생들처럼 모르면 알 때까지 질문해서 나의 것으로 만들어야 한다. 내가 모르는 것은 부끄러운 일이 아니다. 모르는데 아는 척하는 게 더 창피한 것이다. 배움은 모르는 것을 해결하고자 하는 탐구이다.

"미국의 교육학자 에드거 데일의 연구를 보면 그는 배우는 방법에 따라 2주 후 그 내용을 얼마나 잘 기억하는지가 달라진다고 하였다. 읽으면 10%를 배우고, 귀로 들으면 20%를 배우고, 눈으로 보면 30%를 배우고, 귀로 듣고 눈으로 보면 50%를 배우고, 남들과 배운 것을 토론하면 70%를 배우고, 배운 것을 직접 경험하면 80%를 배우고, 남에게 가르치면 95%를 익히게 된다."

『엄마의 말 공부』에서는 위의 연구 내용을 보고 "듣는 것까지는 수동적 역할이며 토론하고 경험하고 가르치는 활동은 적극적이고 능동적인 역할이다. 남들과 토론할 때 학습 효과는 많이 높아진다. 읽거나 보거나 귀로 듣거나, 들으면서 보는 방식으로 3시간 공부하기보다 직접 생각을 말하고, 경험하는 1~2시간의 학습이 더 효율적이고 기억에도 훨씬 오래 남는다."라고 이야기한다.

누군가를 가르친다는 것은 쉬운 일이 아니다. 하지만 가르침으로써 자신의 부족한 부분을 깨달을 것이고 그 깨달음으로 인해 더 연구하고 질문하고 공부하게 되는 것이다. 스스로 생각하는 힘을 가진 아이는 두뇌가 크게 발달하고, 긍정적이면서 주도적인 아이로 성장하는 반면에 스스로 생각하는 힘을 기르지 못한 아이는 소극적이고, 자신감이 없는 아이로 성장하는 것이다. 생각의 힘은 누가 가르쳐주는 것이 아니고 스스로 생각할 때 자라는 것이다.

08 남들이 가지 않는 길을 가게 하라

"『탈무드』는 '세상에서 가장 불행한 사람은 자신을 지나치게 의식하는 사람이다.'라고 적고 있다. 자기의 실패를 항상 남이 비웃고 있다고 생각하는 사람은 남들이 종일 자신을 주시하는 것으로 착각한다. 그래서 자신감을 잃고 아무 일도 못하는 것이다. 그러나 세상 사람들은 남에게 관심을 둘 만큼 한가하지도 않고 타인에게 관심도 없다. 그러니 자신이 조금 잘못했다고 해서 주눅들 필요는 없다. 어차피 신이 아닌 이상 인간은 누구나 실수한다." – 마빈 토케이어

나는 하고 싶은 게 많았던 꿈 많은 소녀였다. 하지만 집안 사정상 할 수가 없어 좌절하기도 했다. 그렇다고 좌절만 하고 있을 수는 없지 않은가. 가만히 있으면 누가 내 인생을 살아 주는 것도 아니지 않나. 나는 선택을 해야만 했다. 내 마음은 일반고를 가고 싶었지만, 야간고교로 진학을 선

택했다. 친구들은 3교대 야간고등학교를 진학하였으나, 나는 선생님의 도움으로 서울에 있는 야간고교를 진학하기 위해 서울로 상경했다. 낮에는 양복 만드는 회사에서 일하고, 밤에는 학교로 가서 공부했다. 그 시절 나는 공부가 인생의 전부인 줄 알았다. 공부만 잘하면 나의 미래가 활짝 열리는 줄 알던 여고 시절이었다.

친구들의 대학 입학 소식에 나도 꿈 많은 여대생처럼 대학교를 누비고 싶은 욕망이 일어났다. 하지만 야간고등학교 내신 성적으로 대학교에 입학하기에는 대학 문턱이 너무 높았다. 어차피 나는 낮에는 직장을 다녀야 하므로 한국방송통신대학교 컴퓨터학과에 입학원서를 냈다. 입학 후 1년 동안은 스터디 활동을 하면서 공부했다. 2학년이 되니 대학 생활을 특별하게 느끼고 싶었다. 학생회 활동 모집 공고를 보고 지원하여 학생회 임원으로 활동하기도 했다. 학생회 활동에 흠뻑 빠져 직장을 그만두기도 했다. 철없던 행동이었다. 이 학생회 경험을 통해 많은 것을 배우고 느꼈다.

나는 보통의 사람들과 다른 인생을 살아온 듯하다. 어렸을 적 초등학교, 중학교를 함께 다닌 친구들도 있다. 시골이다 보니 학생 수가 그리 많지 않았다. 하고 싶은 공부를 부모, 형제들의 지원 속에 마음껏 할 수 있는 친구들이 부럽기도 했다. 나의 과거들이 나의 발목을 잡은 듯하다. 나는 성인이 되어서도 남의 눈치를 보고 그들의 비위를 맞추면서 사회생활을 했으니 말이다.

최근에 온라인 마케팅 수업을 들었다. 내가 블로그, 유튜브, 인스타그램을 할 줄은 생각도 못했다. 직장 다닐 때도 직원들이 SNS를 하고 있으면 바쁜데 언제 하고 있냐고 핀잔을 주기도 했다. 지금은 인터넷 정보화 시대인데 말이다. 내가 구시대적인 사람이었다는 걸 새삼 느낀다. 나는 우물 안 개구리처럼 매일 사무실에 처박혀 일만 했으니 세상 돌아가는 것을 잘 몰랐던 것이다. 그래도 지금이라도 알았으니 얼마나 다행인가.

사람들은 항상 정해진 틀에서 벗어나는 걸 두려워한다. 나 또한 다르지 않았다. 남들 앞에서 말하는 걸 두려워했다. 직장 다닐 때도 회의 시간에 의견을 제시하라고 하면 심장이 터지는 줄 알았다. 직장을 그만두게 되면서 나 자신을 되돌아보게 되었다. 내가 '뭘 그렇게 잘못한 걸까?', '왜 나한테만 똑같은 일이 일어나는지?', '내가 인생을 잘못 살아온 걸까?' 생각하게 되었다.

이 모든 것은 나로 인한 것임을 깨달았다. 내가 행복하지 않으니 주위 사람들에게 행복 바이러스가 아닌 부정적인 에너지를 퍼뜨린 것이다. 나는 잠들기 전에 회사 일을 떠올리면서 좋은 생각보다 안 좋은 생각을 더 많이 했다. 아침에 일어나면 항상 몸이 아프고 찌뿌둥하기도 했다. 남들이 하지 않는 일을 나는 나서서 하곤 했다. 굳이 하지 않아도 되는데 말이다. 회사 일이니 당연히 누군가는 해야 한다고 생각했다. 하지만 이게 다 소용없다는 것을 나중에 알았으니 얼마나 한심한가. 그들은 나를 이용했을 뿐이다. 월급 줬으니 당연하다고 생각한 것이다. 직장인은 월급 받은 만큼 일하면 된다고 말하던 친구의 말이 떠오른다. 그 친구는 내게 항상 "너! 바보 같은 짓 그만하고 제발 월급 받는 만큼만 일해."라고 말하곤 했다. 나는 항상 그보다 일을 더 했다. 추가수당을 주는 것도 아닌데 말이다.

『부모라면 유대인처럼』 중 일부 내용이다.

"유대인 가정은 아이의 개성을 최대한 존중하고 키워주기 위해 노력한다. 다른 학생과의 경쟁에서 이기라고 강요하기보다는 남과 다르게 되라고 가르친다. 아이들은 모두 다르다. 형제자매라고 해도 성격이나 관심 분야에 큰 차이를 보이기 마련이다. 이에 따라 아이를 올바르기 키우기 위한 유대인 부모의 제1원칙은 '유연성'이다. 부모가 아이의 개성을 잘 파악해 그에 맞게 반응하고 가르치는 게 무엇보다 중요하다고 여기는 것이다."

유대인의 가정이랑 한국인의 가정은 많은 차이가 있다고 느끼지 않는가? 우리는 남과 비교하면서 아이를 키우고 있으니 말이다. 우리 아이들은 거의 비슷한 일상을 반복하면서 지내고 있다. 우리 아이들은 학교보다는 학원에서 많은 에너지를 소비하고 있다. 공부에 모든 것을 쏟고 있는 현실이다. 부모와 아이의 의사소통뿐만 아니라, 아이들의 정서나 행동에서도 많은 문제가 나타나고 있다. 아이가 가장 잘하는 것이 무엇인지, 어떤 과목을 좋아하는지, 아이가 어떤 것에 흥미를 느끼는지에 대해 부모들은 관심이 없다. 부모들은 아이가 모든 과목에서 1등 하기를 바란다. 알다시피 1등은 오로지 한 명뿐이다. 아이의 1등보다 아이의 재능을 찾아주는 게 더 낫다고 본다. 아이의 개성을 최대한 살려 세상을 이끌어가는 위대한 인재로 성장시키는 부모가 되자. 천재적인 아이는 공부를 잘하는 아이가 아니라 남과 다른 아이다.

코로나 19로 인해 아이가 창살 없는 감옥생활을 하고 있지만, 이 기회를 통해 아이가 한 발짝 더 성장했을 거라 본다. 나 또한 처음 겪는 일이고 아이도 마찬가지다. 우리가 살아가야 하는 미래는 이런 일이 점점 빈번하게 일어나게 될 것이다. 환경오염이 점점 심해지고 바이러스도 변형이 될 테니까 말이다. 우리 스스로 이런 위기를 기회로 바꾸는 습관을 키워야 할 것이다. 미리 준비해야 불행한 일들이 닥치더라도 헤쳐나가게 될 것이다. 정해져 있는 답이 아니라 창의적이고 독창적으로 남들이 생각할 수 없는 아이디어로 미래를 이끌어나갈 수 있길 바란다.

아이들의 미래도 마찬가지다. 암기 위주의 교육이 아닌 본인 스스로가 원하는 꿈을 찾아가기를 바란다. 부모가 원하는 꿈이 아니라 아이가 하고자 하는 꿈 말이다. 하고 싶은 것, 되고 싶은 것, 갖고 싶은 것을 항상 생각하는 아이로 성장하기를 원하는 바다. 남들이 가는 똑같은 인생이 아니라, 남들과 다르더라도 행복한 길을 찾았으면 한다. 남들에게 보여주기 위해서 대학을 가는 것이 아니라 아이 자신의 행복을 위해 갔으면 한다. 타인의 삶을 위한 스펙을 쌓는 것이 아니라 나의 꿈을 위한 자기계발을 통한 스펙을 쌓길 바란다.

나는 아이가 원한다면 일반 고등학교 대신 뇌 교육에서 진행하는 대안학교를 보내고 싶은 마음이다. 1년 동안 대안학교에서 프로젝트를 운영하면서 본인의 인생을 설계했으면 한다. 반복적인 일상에서는 자신의 로드맵을 그릴 수 없을 듯하다. 외부 환경의 영향을 받으니 말이다. 최근에는 대안학교의 인식도 많이 좋아지고 있다. 나는 아이의 행복이 최우선임을 느낀다. 아이가 정해져 있는 길이 아니라 본인 스스로 남들이 가지 않은 길을 찾아 행복한 인생을 설계했으면 하는 엄마의 바람이다.

PART 5

엄마의 태도가 아이의 미래를 결정한다

01 행복한 아이는 행복한 엄마로부터 나온다

나는 중학교를 졸업하고 낮에는 일하고 밤에 공부하는 야간고등학교에 진학했다. 17살 때부터 일하기 시작했다. 회사기숙사에서 생활하니 돈 쓸 일이 없었던 것 같은데 항상 지출 후 남는 돈으로 저축했다. 저축 후에 지출해야 하는데 나는 거꾸로 생활했던 것이다. 우리는 공부하라, 공부하라 이야기를 들으면서 성장해왔다. 그 누구도 경제, 금융에 관해 가르쳐주지 않았다. 학교 선생님들조차 경제 교육은커녕 학습 진도 나가기가 바빴으니 말이다.

어렸을 때 나는 가난한 게 너무 싫었다. 결혼하면 절대 아이는 나처럼 살지 않게 하겠다는 다짐을 하곤 했다. 그러기 위해서 나는 돈을 많이 벌어야 한다고 생각했다. 돈이 많으면 부자가 될 수 있다고 생각했으니 말이다. 그러나 현실은 만만치 않았다. 나는 점점 뒤쳐지는 느낌이었다. 남들은 돈도 잘 벌고 점점 발전해가는데 나는 시간이 흐르고 세월이 흘러도 나아지지 않는 것이었다. 점점 초조하고 초라해지고 불안했다. 그래서였을까? 나는 점점 돈에 집착했다. 잔돈에도 민감했고, 먹는 것, 입는 것, 쓰는 것조차 아끼면서 생활했다. 자취할 때는 주말에도 끼니를 잘 챙겨 먹지 않았다. 매달 월급을 받아도 생활은 제자리걸음이더라. 자취를 하다 보니 친구들보다 새는 돈이 생각보다 컸다. 한 달에 10만 원 저축하기도 힘들었다. 그러다보니 점점 친구와의 만남도 자제하게 되었다.

『하루 10분 생각습관 하브루타』에 있는 이야기 중 한 부분이다.

"경제협력개발기구 조사에 의하면 우리나라의 학업 성취도가 회원국에서 최상위를 차지하지만 행복지수는 최하위에 속한다. 흥미와 학습의 동기 면에서 행복하지 않다. 우리나라의 교육이 경쟁 구도 속에 있고 내적 자율성으로 공부하기보다는 부모의 요구나 자신에 대한 기대, 기준에 부응하려는 외적 동기에서 공부하기 때문이라고 볼 수 있다. 또한, 성공이 '나'가 아니고 '남'의 시선이 기준인 경우가 많기 때문이다."

성공의 기준은 '남'의 시선이 아니다. 우리 아이들은 학교 수업이 끝나면 피아노, 영어, 수학, 태권도, 주산, 수영 등을 다닌다. 수영은 세월호 참사로 인해 엄마들이 시작한 경우가 대다수일 것이다. 수영은 학교에서도 자율활동 체험학습 수업으로 진행하기도 한다. 아이가 원하는 학원을 보내는 부모들이 과연 얼마나 될까? 사고방식이 다른 부모들은 아이에게 공부를 가르치기보다는 아이의 숨겨진 재능을 찾아준다. 아들이 초등학교 1학년일 때 야구를 좋아하는 친구가 있었다. 그 부모는 과감하게 아들을 위해 야구할 수 있는 학교 근처로 가족이 이사를 갔다. 그 친구는 부모의 지원 속에 여전히 야구선수로 학교생활을 하고 있다.

엄마가 행복하지 않으면 아이에게 좋은 말과 행동을 보여주지 못한다. 나는 직장 다닐 때 매일 분노와 화를 마음에 달고 생활했다. 회사 업무로 인해 스트레스가 쌓이다 보니 나의 몸은 피폐해져만 갔다. 그러다 보니 나의 자존감은 바닥이고, 행복은 남의 이야기가 됐다. 내 눈에는 다른 것들은 보이지도 않았다. 회사 일을 우선으로 생각하고 있었으니 아이는 뒷전이었다. 나의 부족한 사랑은 돈으로 채워주면 된다고 생각했을지도 모른다. 내가 너무 가난하게 살아왔으니 모든 기준이 돈이 된 것 같다. 어느 순간에 아이에게 사랑한다고 표현을 하니 징그럽다고 하는 것이었다. 처음에 나는 '머리가 크더니 변했나 봐.' 속으로 생각하였다. 하지만 실상은 그게 아니었다. 그동안 내가 아이한테 애정 표현을 해준 적이 없었기 때문이다. 아이는 엄마의 애정 표현이 어색했던 것이다. 엄마로서 미안하다. 사랑도 받아본 사람이 나눠줄 수 있는 것 같다.

행복은 전파된다. 유쾌하고 밝은 사람이랑 함께 있으면 어느덧 나도 환하게 웃는 자신을 보게 된다. 아이는 부모의 긍정적인 에너지를 받기도 하지만 부정적인 에너지는 빛처럼 순식간에 습득하게 된다. 감정을 제대로 억제하지 못하는 부모는 머지않아 자신을 닮은 아이와 마주하게 된다. 부모는 아이의 거울이다. 부모가 다혈질인 성격이면 아이도 그대로 따라간다. 아이는 좋은 것보다 나쁜 것을 더 빨리 받아들인다. 엄마가 소리를 지르면 아이는 한 옥타브 더 높게 내지른다. 엄마가 부정적인 단어를 사용하면 아이는 그 단어를 기억했다가 더 나쁜 단어를 만들어낸다. 야단치면 아이는 엄마 탓을 한다. 긍정의 도미노가 아닌 부정의 도미노가 쓰나미처럼 몰려오게 되는 현실을 맞닥뜨리게 될 것이다.

나는 회사 일로 몸이 피곤하고 힘들다 보니 모든 것이 귀찮았다. 그러다 보니 아이에게 화풀이한 셈이다. 아이에게 조곤조곤 말해도 될 것을 소리 지르고 화를 냈다. 때로는 심한 욕설과 함께 짜증도 낸다. 그런 엄마의 행동과 언어는 오롯이 아이에게 상처로 남게 된다. 나는 시간이 지나도 아이가 겪은 경험은 그대로 기억하고 있다는 걸 알았다.

아이는 차후에 비슷한 일이 생기면 그동안 겪은 일들을 끄집어내어 이야기했다. 결국에 그 화살은 엄마인 나에게 되돌아오더라. 엄마가 아이에게 했던 행동이 아이의 삶에 그대로 적용된다. 엄마가 행복해야 아이도 행복하다. 엄마의 삶이 스트레스 상태이면 아이는 엄마의 눈치를 살피게 된다. 엄마가 화난 상태에서는 합리적인 판단을 내리기 어렵다.

『믿는 만큼 자라는 아이들』에 실려 있는 내용이다.

"아이들을 '키울' 생각을 하지 말고 아이들이 '커가는' 모습을 바라보는 일이 여러모로 훨씬 이익일 듯 싶었다. 아무리 보아도 그들은 부모들보다 훨씬 아름답고 튼튼한 존재들이다. 만약 부모들이 섣불리 끼어들지만 않는다면 그들은 얼마든지 싱싱하게 커갈 수 있다. 아이들은 믿는 만큼 크는 이상한 존재들이다."

육아는 잠깐이다. 아이와 함께 놀 수 있는 시간은 짧다. 빠른 아이들은 초등학교 4학년 때부터 사춘기가 시작된다. 그 전에 아이와 많은 정서적인 교감을 나눠야 한다. 아이가 성장하면 부모와 함께 외출하려고도 하지 않는다. 부모보다 친구들이랑 함께하기를 원한다.

엄마와 아이의 자존감은 커플이다. 아이를 보면 엄마를 알 수 있다. 즉 거울인 셈이다. 엄마의 자존감을 알면 아이의 자존감도 알 수 있다. 아이가 행복해지려면 엄마가 행복해야 한다. 엄마가 자신을 사랑하면 그 행복으로 마음이 여유로워져 화도 덜 내고 신경질도 덜 내게 된다. 사소한 일에도 아이에게 소리 지르지 않는 것이다.

엄마가 행복하면 아이를 바라보는 시선이 달라지고 말과 행동이 달라진다. 부정적이었던 엄마가 행복해지면 긍정적인 에너지가 채워져 아이에게 행복한 에너지를 전달하게 된다. 긍정적인 에너지를 가진 엄마를 둔 아이는 행복하다. 행복도 습관이다. 어릴 때부터 행복을 느낀 아이는 어른이 되어서도 행복이 어떤 느낌인지 안다.

02 엄마의 태도가 아이의 미래를 결정한다

『열살 엄마 육아수업』에서 양육 방식에 대해 아래와 같이 이야기했다.

"미국의 교육심리학자 바움린드는 1970년 초 부모의 자녀 양육 방식을 민주형, 허용형, 권위형으로 나눴다. '민주형'은 자녀의 의견과 자율성을 존중하는 양육 태도다. 자녀와 의견 대립이 있을 때 타협을 통해 해결책을 찾되, 부모가 양보할 수 없는 부분에 대해서는 일관되게 굳은 원칙을 제시한다. '허용형'은 매사를 자녀가 원하는 대로 하게 하고 자녀에게 전적인 자유를 준다. 그 때문에 허용형 가정에는 분명한 규칙이 없는 것처럼 보인다. 반면 '권위형'은 부모 자식 사이를 종적인 관계로 보고 매사 부모의 의사대로 결정한다. 부모 자식 관계는 일방적이어서 자녀는 좌절감을 느끼게 된다. 결론적으로 바움린드는 이 3가지 유형 방식 중에 민주형이 가장 바람직하다고 주장했다."

"숙제했니?", "학습지 했니?", "공부 안 하니?", "게임 그만해." 이런 말들을 나는 아이에게 자주 했다. 퇴근하고 오면 나는 항상 아이에게 숙제는? 공부는? 이런 식으로 묻곤 했다. 아이가 학교는 잘 다녀왔는지 하루 동안 별일 없었는지 급식은 어땠는지에 대하여는 한마디도 물어보지를 않았다. 당연하다고 생각해서일까? 나는 아이의 일상보다 공부가 먼저라고 생각한 듯하다. 나는 '공부보다는 건강이 먼저다. 공부가 인생의 전부는 아니다.'라고 말하면서도 나의 무의식 속에는 공부가 우선이라고 잠재되어 있었나 보다. 어느 순간 아이는 나의 질문을 들은 척도 하지 않았다. 삐져서일까? 자신의 마음을 이해하지 못해서 속상했던 걸까?

나는 아들이 핸드폰 게임만 하는 모습을 자주 보곤 했다. 도대체 공부는 언제 하는지 궁금했다. 아이의 공부하는 모습을 본 것은 학교 숙제, 학원 숙제, 학습지 풀 때가 전부였다. 어느 날 나는 아이에게 "너는 공부 안 하냐? 그래서 시험은 어떻게 보냐? 성적은 잘 나오니?"라고 아이에게 물었다. 그러자 아이는 "엄마, 내가 학원에서 얼마나 열심히 하는 줄 알아?" 아이의 말은 나를 헛웃음만 나오게 했다. 그러면서 걱정 안 해도 된다는 것이었다. 어디서 나오는 자신감인지, 그런 자신감에서 나오는 말이면 점수가 100점이어야 하는데 말이다. 그렇다고 아이가 공부를 못하지는 않았다. 나는 아이 스스로 경험을 통해서 배우면서 느끼기를 바랄 뿐이다.

남편은 핸드폰으로 게임을 한다. 내가 아이에게 공부하라고 했더니 아빠는 핸드폰 게임하는데 왜 본인한테만 그러느냐고 하는 것이었다. 이게 무슨 소리란 말인가. 아이는 그동안 마음속에 담아 두었던 불만을 터트렸던 것이다. 아이에게 공부를 강요하기 전에 부모의 태도도 달라져야 한다. 아이에게 공부하라고 하면서 부모는 핸드폰을 보고 있다면 아이는 반항, 불만이 생기게 될 것이다. 부모의 그런 모습들은 아이에게 도움이 되지 않는다. 아이가 공부하기를 원한다면 공부할 수 있는 환경을 제대로 만들어줘야 한다. 부모가 모범을 보여야 아이는 스스로 깨우치게 될 것이다. 아이는 부모의 모습을 보고 자란다고 하지 않는가.

모든 육아는 엄마의 말에서 시작된다. 당신은 사랑한다는 이유로 아이에게 상처를 주고 있지 않은지 생각해봐야 한다. 나는 고등학교 진학을 위해 서울로 오는 날까지 엄마와 많이 다투었던 딸이었다. 나는 집이 가난한 것도 싫었고, 하고 싶은 공부도 못하니까 매일 불만이었던 것 같다. 오죽하면 점쟁이가 엄마에게 나랑 떨어져 지내라고 했을 정도였다. 우리 둘은 눈만 마주치면 서로를 못 잡아먹어 안달이었다. 무의식 속에 잠재된 나의 어릴 때 기억이 아이에게 상처를 준 것 같다. 나는 아이에게 화를 내고, 소리 지르고, 때리기도 했으니 말이다. 엄마의 태도가 아이에게 영향을 끼친다는 사실을 아이를 통해 깨달았다. 아이의 모습에서 내가 한 행동을 보게 되었기 때문이다.

나는 우연한 기회에 『2억을 빚은 진 내게 우주님이 가르쳐준 운이 풀리는 말버릇』이라는 책을 읽고 신선한 충격을 받았다. 나는 살아오면서 부정적인 말과 행동을 일삼았다. 책에서는 그런 행동이 불행한 운을 끌어당겼다고 말한다. 나는 허구한 날 '왜 돈이 없지, 돈은 왜 항상 부족하지, 왜 생활이 나아지지 않는 거지?' 이런 생각을 하곤 했다. 어떤 언어를 사용하는가에 따라 우리의 생각이 달라진다고 한다. 긍정적인 언어를 사용하는 사람은 긍정적인 에너지로 적극적이고 자신감이 넘치는 사람이 되고, 부정적인 언어를 사용하는 사람은 부정적인 에너지로 인해 소극적이고 소심한 사람이 된다고 한다. 언어는 마법과 같다. 그만큼 언어는 무서운 힘이 있다는 것을 알 수 있다. 나의 미래를 행복하고 건강하고 부유한 삶을 원한다면 긍정적인 생각과 언어를 사용해야 한다는 것을 깨달았다.

이 책으로 인해 나는 언어의 중요성을 알게 되었다. 그 후로 나는 아이에게 가능하면 부정적인 언어를 사용하지 않으려고 노력 중이다. 아이에게도 말할 때 부정적인 언어를 자제하도록 주의시키는 중이다. 아무리 화가 날지라도 아이한테는 부정적인 말보다는 아이의 행복지수를 높이는 말, 자기 긍정감(자신을 가치 있는 사람으로 여기고 소중한 존재라고 굳게 믿는 마음)이 높은 말을 해주는 노력을 해보자. 나도 잘 안다. 쉽지 않다는 것을. 하지만 나의 현재보다 빛나는 미래를 만들기 위해서는 노력해야 한다.

이시다 가쓰노리 『엄마의 말센스』에서 아이에게 상처 주는 말과 긍정적인 말에 대하여 알려주고 있다. 다음과 같이 아이의 자기 긍정감을 높이는 10가지 마법의 말을 참고하여 엄마의 언어 센스를 바꿔 보도록 하자.

"대단해."
"역시!"
"좋아."
"고마워."
"기쁘다."
"네 덕분이야."
"아, 그렇구나."
"몰랐어."
"괜찮아."
"너답지 않아."
"엄마는 참 기쁘구나. 아무나 할 수 있는 일이 아니잖니."
"만점 받았다고? 아주 좋아."
"그랬구나. 정말 좋아. 잘됐다."
"다 마시고 나서 치워주었구나. 고마워. 기쁘다."

엄마는 아이의 얼굴이다. 아이와 같이 지내다 보면 내 맘대로 되지 않을 때도 있을 것이다. 그럴 때는 아이가 나를 보고 있다는 생각을 하자. 아이의 모습이 내 모습임을 잊지 말자. 엄마는 아이에게 영향을 끼치는 가장 중요한 존재이다. 엄마의 말, 태도가 아이의 미래를 결정한다는 것을 명심하자.

다르게 생각하는 아이, 다르게 생각하는 엄마

부모 역할 대화법

미국 심리학자 토머스 고든 박사가 제시하는 '부모 역할 대화법'이다.

1. 있는 그대로 모습을 받아들여라.
2. 하나가 되기보다 '함께' 하라.
3. 적극적 듣기로 말문을 열어라.
4. 나를 주어로 한 메시지를 보내라.
5. 윈-윈(win-win) 게임을 즐겨라.

– "효과적인 부모 역할 훈련", 〈네이버 지식백과〉 중에서

03 엄마의 믿음이 아이를 성장시킨다

나는 아이가 세상에 태어난 후 한 번도 아이의 외박을 허용하지 않았다. 어린이집에서 1박 2일 또래들과 같이 지내는 프로그램이 있었다. 하지만 아이는 집에서 자도록 했다. 당시 아이를 걱정하는 마음이 컸다. 뉴스에서 뒤숭숭한 이야기들이 나오니까 불안하기도 했다. 태권도장에서도 1박 2일 친구, 동생들과 함께 운동하면서 알차게 보내는 시간이 있었다. 그러나 이 또한 잠은 집에서 자도록 했다. 불안도 있었고 걱정도 됐기 때문이다. 나는 아이가 잠자리에서 실수할까 노심초사 밤잠을 설치는 것보다 낫겠다고 생각했다.

아이가 태어나 처음으로 엄마, 아빠 곁을 떠나 1박 2일 캠프를 선택했다. 초등학교 입학 후 뇌 교육에서 진행하는 캠프에 참여하기로 한 것이다. 어린이집 다닐 때는 어리다고 해서 보내지 않았으나 초등학교 입학했으니 보내도 될 것 같아 결정했다. 또래 아이들에 비해 우리 아이는 부모랑 떨어져본 경험이 한 번도 없었던 셈이다. 처음에 남편도 반대하고 어머님도 걱정하셨다. 그럼에도 나는 아이를 캠프에 보냈다.

아이가 혼자다 보니 자기중심적이고 이기적인 행동을 일상에서 종종 보이곤 했었다. 내가 살아오던 세대랑 다르지 않나. 대부분은 외동딸, 외동아들이다 보니 남의 주위 신경 쓰지 않고 오직 내 아이에게 집중한다. 아이는 자기중심적으로 생각하는 경향이 있다. 우리 아이도 다르지 않았다. 그렇기 때문에 나는 캠프를 통해 아이 스스로 배워나가길 바랐다. 뇌 교육에서 진행하는 캠프는 전국 방방곡곡에서 아이들이 참여한다. 전국에서 모이니 가지각색의 성향을 가진 아이들이 있을 것이다. 나는 그곳에서 아이가 또래들과 몸소 체험하면서 배워 나가기를 원했다. 아무리 집에서 내가 말한다고 할지라도 한쪽으로 듣고 한쪽으로 흘려버리면 무슨 소용 있겠는가. 그러나 캠프에서는 여러 트레이너 선생님들과 친구들을 통해 스스로 터득할 것이라는 생각을 했다.

아이가 처음으로 엄마, 아빠와 떨어져 혼자 지내는 시간이라 걱정도 되었다. 하지만 아이를 믿어보자는 마음으로 보낸 캠프이기도 하다. 나는 아이가 처음으로 도전한 캠프를 통해 독립심, 자립심을 배우길 바랐다. 이틀 동안 체험을 통해 아이가 좀 더 나아지길 바란 엄마의 마음이기도 하다. 아이와 처음으로 떨어지는 시간인데 걱정 안 했다고 하면 거짓말이다. 나는 아이가 첫 캠프 활동을 잘하고 돌아올 거라는 믿음이 있었다.

당신에게 "아이를 사랑하나요?"라고 물으면 모두 "네."라고 답할 것이다. "그렇다면 당신은 아이를 얼마나 믿으시나요?"라고 물어보면 아마도 선뜻 대답하지 못할 거라 생각된다. 나도 사랑하는 아들을 100% 믿지 못한다. 아이를 믿는다고 하면 아이가 무엇을 하든 믿어줘야 하는 게 옳다. 하지만 나는 아이의 말을 믿는다고 하면서 마음은 의심하고 있었다. 어쩌면 아이가 그동안 보여준 행동과 말로 인해 나도 모르게 무의식 속에 불신이 생겼을지 모른다. 처음부터 그랬던 것은 아니다. 신뢰가 하나하나 깨지면서 불신이 쌓였을 것이다.

내가 아이를 불신하게 된 계기가 있었다. 아이는 매주 수요일, 금요일 학습지 수업이 있다. 수업이 끝난 후 그날 학습지를 풀기로 약속을 했다. 한꺼번에 하기에는 부담이 되고, 다음 날 등교도 해야 하니 조금씩이라도 미리미리 하는 걸로 약속했다. 그러나 처음에는 약속한 대로 조금씩 하는 모습을 보여주더니 시간이 지나면서 딴짓을 하는 것이었다. 딴짓이라면 핸드폰 게임을 말한다. 대부분의 부모들의 고민거리일 것이다. 나는 아이가 한두 번 약속을 지키지 않는 행동을 보게 되니 아이를 믿지 않게 되었다. 나는 아이에게 "엄마는 너를 믿지 못한다."라는 말도 하곤 했다.

오뚝이샘 블로그에서 엄마의 믿음에 대해 아래와 같이 이야기한다.

첫째, 믿음을 주는 것이다.

둘째, 믿음은 의지다.

셋째, 믿음은 긍정적이다.

넷째, 믿음은 기다림이다.

오뚝이샘은 "아이를 믿어주는 것은 의지와 노력이 필요하다. 아이를 향한 믿음은 믿어주는 것이고, 엄마가 먼저 믿어줘야 한다. 아이를 향한 믿음은 대가 없이 공짜로 주는 것"이라고 한다.

아이를 향한 사랑은 아무 조건 없이 저절로 생긴다. 아이의 존재만으로 부모는 아이를 향한 사랑이 마구 샘솟는다. 세상에 자신의 아이를 사랑하지 않는 부모는 없다. 하지만 아이는 사랑하나 아이를 믿지 못하는 부모들이 대다수일 것이다. 나 또한 다르지 않다. 워킹맘이었을 때 내가 퇴근 후 집에 오면 항상 아이에게 했던 말이다.

"숙제랑 학습지 했어? 숙제는 하고선 핸드폰 게임 하는 거야? 이것만 하고 숙제할거야? 도대체 언제 할거야? 스스로 알아서 한 적이 없잖아."

"하던 게임만 하고 숙제할 거예요."

"진짜? 알았어. 너 스스로 생각하고 한 말이니 약속 지켜. 엄마는 믿는다."

사랑하는 내 아이를 믿어주고 아이의 감정을 먼저 들여다보자. 아이의 문제점을 찾아 지적하여 고쳐주기보다는 아이를 기다려주고 격려해주는 엄마가 되도록 노력해보자. 아이 스스로 고민하고 결정하고 판단하는 습관을 가지다 보면 깨달을 것이다. 그런 경험을 통해 아이는 자신감이 상승하고 자존감 또한 커지게 될 것이다.

그동안 나는 아이가 하는 행동만 가지고 모든 것을 판단하고 아이를 믿어주지 않았다. 아이가 실내화를 가져오지 않으면 "너는 왜 매번 까먹고 오냐?", "너 정신이 어디 가 있냐고?" 이런 말을 하곤 했다. 나의 이런 말이 아이에게 부정적인 에너지를 심어준 건 아닌지 내심 걱정된다. 아이는 엄마의 소유물이 아니다. 내가 배 아파서 나았을지라도 아이는 나처럼 독립된 하나의 인격체이다. 나도 한때는 나의 아이처럼 부모 말을 안 들었을 텐데 말이다. 이 또한 삶의 긴 여정이라 생각한다. 나도 한 살 한 살 들어가면서 세상을 배웠듯이, 사랑하는 나의 아이도 천천히 세상을 알아갈 것이라 믿는다. 아이가 건강하고 자존감이 큰 아이로 성장하기를 바란다. 아이는 엄마가 믿는 만큼 성장한다. 아이가 부족하고 서툴지라도 엄마로서 인내를 가지고 아이를 믿고 기다려주자.

04 아이와 소통하는 엄마가 되라

주위 사람들과 제대로 의사소통을 하면서 살아가는지 되돌아보자. 나는 직장 다닐 때 의사소통 부재로 인해 난감한 적이 있었다. 거래처에서 전화가 오면 곤란한 적이 한두 번이 아니었다. 윗분이 미팅에서 했던 이야기를 부하 직원에게 공유하지 않아 일어난 불상사였다. 바이어에게 발송할 샘플을 전달하기로 한 약속 날짜인데 그 누구도 알고 있는 사람이 없었던 것이다. 이런 일이 빈번하게 발생했다. 업무 특성상 의사소통이 제대로 이루어지지 않으면 안 되는 일이다. 회사 대 회사로 서로 간의 신뢰가 깨지기 때문이다. 윗분이 직원에게 말했다고 하는데 정작 직원들은 전혀 들은 바가 없으니 억울할 때가 한두 번이 아니다. '세상살이가 다 그런 거야.'라고 할 수도 있겠지만 당하는 사람은 자존감이 낮아진다. 이런 일을 자주 겪다 보니 일하면서 박탈감, 상실감, 자괴감이 들었다. 그 일로 서로 간의 소통이 얼마나 중요한지 깨달았다. 진즉에 알았던 사실이지만 겪어보니 더 소중함을 알게 된 것이다. 소통은 타인과 대화할 수 있는 가장 기본적이면서도 중요한 의사 표현 방식이다.

아이가 핸드폰이랑 친해진 데는 부모가 원인일 수도 있다는 생각을 한다. 나는 직장에 다니면서 아이를 거의 등한시한 엄마였다. 아이가 집에서 소통할 수 있는 사람은 할머니뿐이었다. 엄마, 아빠는 직장 다닌다는 핑계로 집에 늦게 들어왔으니 말이다. 나는 아이가 힘들고 외로울 때 위로가 되어준 게 핸드폰일 수도 있다는 생각을 했다. 시간이 지나면 지날수록 아이는 부모의 소통 부재로 인해 점점 핸드폰의 마력으로 빠져들었을 것이다. 학교, 학원을 갔다 오면 집에서 할 수 있는 게 한정적이었으니까. 함께 놀아줄 또래가 있는 것도 아니고 엄마 아빠가 집에 있는 것도 아니었으니 말이다. 할머니도 매번 아이와 함께 놀아주는 것도 체력적으로 한계가 있었을 것이다. 우리 부부는 아이와 대화를 많이 한 적이 없는 듯하다. 정말 형식적인 이야기만 한 것 같다.

"아들, 학교생활 어때?"
"공부 재밌어?"
"오늘은 뭐 하고 지냈어?"
"오늘도 운동장에서 축구 했어?"

이런 대화가 다인 듯하다. 아이의 친한 친구가 누구인지도 처음엔 몰랐다. 아이가 말해주기 전까지는. 남들이 생각할 때는 우리 부부가 아이한테 너무 무관심하다고 생각할 것 같다.

나는 책 쓰기를 통해 그동안 아이와 소통이 잘 안 되고 있었다는 사실을 알게 되었다. 나와 아이 사이의 소통 부재는 내가 원인이었던 셈이다. 순간 '아이와 소통을 잘하는 방법이 있을까?' 하는 생각이 들었다. 궁금증을 해결하고자 인터넷 검색을 하였다. 현대 문명은 인터넷 검색을 통해 정보를 쉽게 얻을 수 있다는 장점이 있다.

나의 눈길을 사로잡은 블로그는 SM Education이었다. 나의 궁금증을 한 방에 해결하는 내용이 있었다. 즉 아이와의 원활한 대화를 위한 청소년 자녀와 소통하는 팁이었다.

"반항하는 아이 : 사춘기에 접어드는 아이들은 자신의 자아가 강해지기 때문에 본인의 판단과 의지에 따라 행동하려 합니다. 자신의 뜻대로 무언가 되지 않을 경우에는 그것을 대처할 능력이 없습니다. 때문에 부모님이나 학교 선생님 등 사람들에게 거칠게 행동을 합니다. 이러한 경우에는 어떠한 행동이든 그것을 해야만 하는 것을 납득시켜주어야 합니다. 시간이 조금 오래 걸릴 수는 있지만 하루에 한 번씩 긍정적인 피드백을 해주어야 합니다.

스마트폰에 집착하는 아이 : 부모님들이 가장 걱정하는 부분이 바로 스마트폰에 집착하는 것입니다. 그렇지만 무조건 안 된다고 하면 오히려 반항심을 유발할 수 있으니 아이를 먼저 인정해주고 이해를 해주어야 합니다. 이런 경우에는 컴퓨터와 스마트폰을 사용할 때 규칙을 정해두는 것이 좋습니다. 그리고 게임을 대신할 수 있는 다른 즐거운 일을 찾을 수 있도록 해주어야 합니다.

공부에 스트레스를 받는 아이 : 아이의 사춘기 대처법으로 우선은 왜 공부해야 하는지 동기부여를 해주어야 합니다. 그리고 어떻게 공부를 해야 효율적으로 할 수 있는지 생각하게 해주어야 합니다. 아이를 곁에서 지켜보면서 격려하고, 성적이 오르지 않는다고 해서 무조건 야단을 치지 않아야 합니다. 또한 아이와 공부하는 이유에 대해 함께 대화를 나누는 것이 중요합니다.

아이와 소통하는 방법 : 사춘기가 되면 욕설과 함께 반항적인 행동이 늘어납니다. 그뿐만 아니라 감정 기복이 심해지고, 이성에 대한 관심도 생기고 성적과 진로에 대해 고민이 많아집니다. 이 시기에는 집에서는 대화를 차단하고 혼자 있고 싶어 하는데, 이러한 상황에 간섭하거나 통제를 하게 되면 더욱 벗어나려고 하니 적당한 위치에서 바라보면서 기다려주는 것이 현명합니다. 자녀와 대화를 할 때는 화를 내지 않고 침착하게 말을 해야 합니다. 혹 아이가 건방진 태도를 보일 때에는 마음을 잠깐 다스린 후 아이를 이해하는 마음가짐으로 대화를 풀어나가는 것이 좋습니다."

올해 아이는 중학교에 입학한다. 코로나로 인해 개학은 4월 16일이다. 처음 겪는 이 상황으로 모두 힘들어하고 있다. 이 또한 지나가리라. 우리 아이에게 환경적으로 많은 변화가 있는 때가 청소년 시기지 않나. 나도 아이를 처음 키우다 보니 많이 부족하다는 것을 잘 안다. 나는 아이가 사춘기를 잘 극복할 수 있도록 도와주고 싶다. 더군다나 나는 남자의 세계를 잘 모르니 더 걱정이기도 하다. 하지만 나는 '아이와 소통하는 방법'에서 알려주는 팁처럼 노력할 것이다. 아이가 힘들어할 때 동기부여 할 수 있도록 많은 대화를 하도록 노력할 것이다.

코로나로 인해 집에 있는 아이는 매일 친구들이랑 보이스톡으로 게임하거나 유튜브로 영상을 본다. 아이에게 잔소리하면 아이는 반항적인 행동을 하곤 한다. 이럴 때 아이와 같이 감정적으로 아이를 대하게 되면 아이와 엄마의 말싸움이 된다. 이럴 때는 잠시만 기다려주자. 아이의 마음을 들여다보자. 아이와 대화하면서 아이의 생각을 읽어보자. 아이의 눈을 보고 진지하게 들어주는 자세가 중요하다. 어른들도 집에만 있으면 얼마나 답답한가. 아이는 뛰놀아야 하는데 창살 없는 감옥살이니 오죽하겠는가. 아이는 본인의 감정을 보여주고 싶은 행동일 수도 있다. 아이가 말할 때 표정과 목소리를 귀 기울여 들어보면 아이의 마음이 들릴 것이다.

『하루 10분 생각습관 하브루타』에서 하루에 하나, 실천 하브루타에서

콕 찝어 말한 내용이 있다.

"주말을 이용하여 가족이 함께 영화를 보러 가 볼까요? 아이가 어리다고, 어린이가 보는 영화라고 혹시 아이들만 보도록 하지 않았나요? '공감'보다는 더 좋은 것은 '공유'입니다. 함께한다는 것 자체만으로도 마음이 열리는 소통이 됩니다. 그리고 자연스럽게 식사하면서, 산책하면서 함께 한 영화의 이야기를 하면서 토론으로 이어진답니다."

나는 위의 내용에 동감한다. 우리 부부는 영화를 항상 아이와 함께 보러 갔다. 〈뽀롱뽀롱 뽀로로〉, 〈명탐정 코난〉 같은 만화영화는 어린이 영화지만 부모들에게도 인기가 있었다. 우리 부부는 아이와 의사소통에서 부족한 부모였을지 몰라도 아이와 '공감'하고 '공유'한 부모라고 생각하니 뿌듯하다. 아이와 성장하면 할수록 경험을 함께하기는 어려울 것이다. 그렇더라도 아이와 함께 공감하고 소통하는 엄마가 되도록 노력할 것이다.

05 공부보다 아이의 행복이 우선이어야 한다

부모들은 아이가 행복하기를 바란다. 공부는 못해도 돼! 건강하게만 자라다오! 아이를 만나기 전의 부모 마음이다. 그러나 현실은 마음처럼 되지 않음을 깨닫는다. 공부가 우선이 되는 현실이다. 남의 시선을 의식하게 된다. 내가 주체가 되어 아이를 키우는 게 아니라 자꾸 주변을 의식하면서 아이를 키운다. 그러다 보니 아이가 우선이 아니라 부모의 감정이 먼저다. 아이가 어린이집을 다니게 되면서 다른 엄마들에게 여러 이야기를 듣게 되면 불안하고 초조한 마음을 가지게 된다.

나는 직장 업무로 인해 다른 엄마들보다 덜 민감했을 것이다. 직장 동료의 아이들은 방문 학습지, 논술, 피아노, 영어 등을 이미 진행하고 있었다. 나는 그 이야기를 들었을 때 '너무 심한 거 아닌가!'라는 생각이 들었다. 하지만 시간이 흐르자 나도 모르게 불안감이 엄습했다. 그리하여 나도 아이의 공부를 위해 학습지를 알아보기 시작했다. 우리는 나의 시선으로 바라보는 것이 아니라 타인의 시선을 의식하면서 살아간다. 그 영향이 아이에게 그대로 미친다.

나는 아이가 뇌 교육 수업하기 전에는 공부가 우선이라고 생각했다. 뇌 교육 브레인 학습법을 통해 머릿속에 외워서 입력하는 공부가 아니라 본인의 머릿속에 스크린을 띄워 공부하는 것이 효과가 있음을 알게 되었다. 그만큼 달달 외우는 공부가 아니라 집중력이 중요하다는 것이다. 아이가 책상에 몇 시간씩 앉아 있다고 해서 공부를 잘하는 것이 아니다. 30분 공부하더라도 집중력이 중요하다는 것이다. 나는 아이가 자라면서 체험하고 경험하고 스스로 지혜를 얻어야 한다고 느낀다. 부모가 하지 못한 것을 내 자식이 해주기를 원하는 건 아닌지 생각해볼 일이다.

UN이 매년 발표하는 2019년 세계행복보고서(World Happiness Report)에서 한국은 세계 156국 가운데 54위(지수 5.895/10점 만점)이다. 2018년은 57위(지수 5.875)였다. 핀란드가 2019년도 1위를 차지해 2년째 가장 행복한 나라로 뽑혔다. 핀란드의 행복지수는 10점 만점에 7.769점이었다. 한국의 행복지수는 OECD 37개국 중 31번째였다. OECD에서 정의하는 행복이란, '사람들이 자신의 삶을 영위하면서 자신의 경험에 대한 정서적인 반응을 만들어내는 것으로, 긍정적이고 부정적인 다양한 평가를 포함하는 건강한 정신 상태.'라고 말하고 있다.

뉴스를 통해 듣는 이야기들이 있지 않은가. 대학을 졸업해도 취업이 안 되기 때문에 졸업 대신 휴학하거나, 대학원 진학을 한다. 12년 동안 공부를 해서 대학을 가도 미래는 여전히 불투명해 보인다. 예전처럼 공부만 잘해서 명문대 들어가서 졸업하면 탄탄대로였던 시대는 지나갔다. 우리 아이들이 살아가야 하는 시대는 인공지능 로봇들과 함께 살아가는 4차 산업 시대이다. 이제는 공부해서 성공하는 것이 아니라 자기 자신이 원하는 삶을 살아가는 사람이 성공하는 것이다. 구시대적인 주입식 교육이 아닌 창조적이고, 창의력, 상상력, 인성이 수반되어야 한다. 캥거루맘, 타이거맘, 헬리콥터맘으로 아이를 키우는 것이 아니라 문제를 제대로 인식하고 창의적으로 해결할 줄 아는 아이로 성장시켜야 한다. 기업들은 문제를 스스로 찾아내서 주도적으로 해결하는 인재를 바란다.

철학자 니체는 『차라투스트라는 이렇게 말했다』에서 삶의 진정한 주인이 되는 인간은 3단계로 정신이 진화된다고 말한다. 1단계는 삶에 놓인 고통이라는 짐을 가까이 짊어지고 사막을 걸어갈 수 있는 끈기 정신을 가진 '낙타'이다. 2단계는 단순히 고통을 인내하는 것을 넘어 세상의 문제와 맞서 싸우는 투쟁 정신을 가진 '사자'이다. 궁극의 3단계는 1~2단계 정신을 바탕으로 새로운 가치와 규범을 만들어내는 창조 정신을 가진 '어린아이'이다.

현 교육 시스템은 오로지 대학 입시를 목표로 공부하는 경쟁 구도의 교육이다. 내 아이를 위해 좀 더 잘 공부할 수 있도록 자녀 교육에 대한 비결을 찾기 위해 동분서주는 여전하다. 지금의 주입식 공부로는 아이들의 창의적, 주도적 사고를 하기에는 한계가 있다. 우리 아이들은 성적을 위하여 시험지 안의 정해진 답만 찾는 공부를 하고 있으니 말이다. 나는 사랑하는 내 아이가 공부 이외에도 꿈을 향해 전진하는 아이로 성장하길 바란다. 부모가 정해져 주는 삶이 아니라 본인이 주도적으로 인생을 설계해나가기를 원하는 바다.

정보화 시대를 살아가는 아이들은 성적 향상에 목숨을 걸다시피 집중한다. 아이들의 인생이 과연 행복할까? 궁금하다. 언론에서 아이들이 성적 비관으로 자살한다는 소식을 들을 때마다 마음이 너무 아프다. 아이들은 성적 위주로 모든 것을 판단하는 사회에서 살아가는 중이다. 사랑하는 아이들을 자살의 유혹으로 내몰아버린 건 아닌지 한 번쯤 생각해볼 일이다. 내 아이는 괜찮을 거라는 안일한 생각은 말자.

나는 아이와 공부 문제로 종종 다투는 편이다. 그때마다 아이가 내게 하는 말이 있다. 엄마는 내 마음을 알지 못한다는 것이다. 그렇다. 맞는 말이다. 내 뱃속에서 열 달 동안 있다 태어난 자식이라도 엄마인 내가 아이의 마음을 100% 어찌 다 알겠는가. 아이는 아이의 인생이 있고 엄마는 엄마의 인생이 있다. 우리 부모들은 자식을 위해 당신들의 인생을 자식에게 바치면서 살아오셨다. 이런 삶이 과연 행복한 삶인지 생각해봐야 할 듯하다. 아이가 행복해지기를 원한다면 부모 자신부터 달라져야 한다. 부모의 욕심이 아닌 아이의 삶을 응원해줘야 한다.

『열 살 엄마 육아 수업』에 이탈리아 출신 화학자 프리모 레비의 시 「게달래 대장」이 있다.

"내가 나를 위해 살지 않는다면
과연 누가 나를 위해 대신 살아줄 것인가?
내가 또한 나 자신만을 위해 산다면
과연 나의 존재 의미는 무엇이란 말인가?
이 길이 아니면 어쩌란 말인가?
지금이 아니면 언제란 말인가?"

모든 부모는 내 아이가 행복한 삶을 살기를 바란다. 내 아이의 행복은 먼 곳에 있지 않다. 생각보다 가까이에 있다. 내 아이의 행복은 미래보다 지금 이 순간, 이 시간에 초점을 맞춰야 할 것이다. 미래의 행복은 현재의 행복과 연결되어 있다고 한다. 나는 공부보다 중요한 것은 '인성'이라고 생각한다. 인성이 갖추어지지 않은 아이는 아무리 공부를 잘할지라도 행복한 인생, 성공한 삶을 살아갈 수 없다. 사회는 타인과 더불어 살아가기 때문이다. 아이가 진정으로 원하는 꿈을 키워주는 부모가 되자. 아이의 행복은 성적순이 아니다. 사랑하는 내 아이 밝고, 명랑한 아이, 행복한 아이로 키우자.

다르게 생각하는 아이, 다르게 생각하는 엄마

자기주도 학습에서 부모의 역할

아이의 자기주도 학습을 위해 가장 중요한 것은 부모의 생각이 바뀌어야 한다는 것이다. 무작정 공부하라고 강요하고 학원을 보내면 아이가 공부를 잘할 것이라는 생각에서 벗어나야 한다.

첫째, 아이에 대한 믿음과 기다려주기.
둘째, 아이의 결정을 인정하면서 쌍방향 소통하는 부모가 되기.
셋째, 아이의 자존감과 자신감을 높여주고 성취감을 느끼도록 하는 교육에 중점을 두기.
넷째, 잔소리하고 화내지 말기.

자기주도 학습이 실패하는 가장 큰 원인은 부모의 화다. 잔소리와 화를 달고 아이를 키우다 보면 자녀 교육은 미래도 비전도 발전도 없게 된다. 일시적인 점수 올리기 위한 학원 뺑뺑이가 아니라, 근본적인 성적 향상을 위해 공부 습관, 공부 방법, 자기 주도적 학습 능력 키우기에 힘써야 한다.

– '자기주도 학습이 아이를 바꾼다', 〈내일신문〉

06 아이의 멘토 부모가 되라

"성공하는 여자에겐 멘토가 있다." 직장여성을 위한 세계 최고의 단체인 캐털리스트의 대표 쉘라 웰링턴의 말이다. 예일대 교수 레빈손은 "멘토가 없는 사람은 부모가 없는 고아와 같다."라고 했다. 또 융 프로이드는 "뚜렷한 멘토가 없는 사람은 핸들이 고장나서 방향을 잃은 차와 같다."라고 말했다.

『비전으로 아이의 꿈을 디자인하라』는 책에 실린 내용이다.

"멘토란, 한 사람의 인생을 이끌어주는 마음의 지도자를 말한다. 멘토는 경험과 경륜이 풍부하며 내가 가진 잠재력을 인정하고 후원해주는 지혜로운 사람이다. 학창 시절에 훌륭한 멘토를 만난다는 건 크나큰 행운이다. 멘토는 나를 가르치는 스승이 될 수도 있고 부모가 될 수도 있으며, 이미 성공한 선배가 될 수도 있다.

훌륭한 멘토는 자신이 성공을 추구하는 분야에서 큰 비전을 품을 수 있도록 도움을 주고 경우에 따라서는 도전도 함께 할 수 있는 사람이다. 그는 인생의 안내자이며 역할모델이고 속 깊은 비밀까지 털어놓을 수 있는 가장 소중한 후원자다. 찬찬히 주위를 둘러보라. 가까운 곳에 내 인생의 길잡이가 되어줄 만한 상대가 있을 것이다.

자신이 하고자 하는 일에 끊임없이 용기와 영감을 불어넣어 주는 상대가 있다면 그를 평생의 멘토로 삼아라. 그가 가진 경험과 재능을 내 것으로 만들기 위해 항상 열린 마음으로 대하고 그가 하는 말이라면 사소한 것이라도 놓치지 말아야 한다. 대학생이라면 자신의 전공과 관련된 상대가 멘토의 역할을 해줄 수 있다. 예를 들면 그 분야에서 존경받는 인물이거나 또는 자신의 진로에 지대한 영향을 미칠 수 있는 사람이 바로 나에게 가장 적합한 멘토이다."

아이의 뇌 교육 수업을 위해 아이와 함께 평촌 학원에 가던 어느 날이었다. 집에서 평촌을 가려고 하면 버스를 2번 타야 한다. 버스 정류장 횡단보도를 건너던 중에 일어난 일이다. 나는 급한 마음에 횡단보도를 가로질러 건넜더니 아이가 "왜 어른들은 무단횡단 하나?" 하는 것이었다. 순간 나는 당황해서 말문이 막혔다. 얼렁뚱땅 넘어갈 상황이 아닌 듯하여 아이에게 나의 행동이 잘못된 것임을 인정하고, 나처럼 행동하면 안 되는 거라고 일러줬다. 부모로서 그날 내가 한 행동은 잘못된 것이었으니 말이다. 그 이후 나는 아이가 보고 있다고 생각하고 행동을 조심하게 되었다.

아이의 인성 교육은 부모를 통해서 이루어진다는 것을 새삼 다시 한 번 느낀 날이다. 부모가 하는 행동 그대로 아이가 배운다는 것을. 우리는 아이들에게 공중도덕, 예의범절을 잘 지켜야 한다고 가르친다. 하지만 정작 부모들은 잘못된 행동을 종종 하기도 한다. 인성 교육은 학교에서도 하고는 있지만, 부모의 역할이 더 중요하다. 부모가 가르치고 행동으로 보여주는 교육이 인성 교육이기 때문이다.

밥빌의 저서 『멘토링』에서 말한 '멘토의 선택 기준'은 다음과 같다.

첫째, 당신에게 솔직한 사람이다.

둘째, 본받을 만한 귀감이 있는 사람이다.

셋째, 깊은 유대 관계가 있는 사람이다.

넷째, 공개적이고 솔직한 사람이다.

다섯째, 교사인 사람이다.

여섯째, 당신의 잠재력을 믿는 사람이다.

일곱째, 당신의 꿈을 파악하고 그 꿈을 현실로 바꾸는 계획을 세울 수 있는 사람이다.

여덟째, 당신이 보기에 성공한 사람이다.

아홉째, 당신을 가르치는 것은 물론이고 당신에게 배울 자세가 되어 있는 사람이다.

열째, 자신의 일이 아닌 당신의 일을 우선적으로 여기는 사람이다.

나의 인생에 진정한 멘토가 있었다면 나의 삶은 달라졌을까? 우리는 살아가면서 수많은 사람들과 인연을 맺는다. 그들 중에 나에게 도움 주는 인생의 멘토가 있을 것이고, 나의 삶을 방해하고자 하는 드림 킬러가 있을 것이다. 당신은 어느 쪽인가?

나는 인생의 멘토는 커녕 나의 삶을 이용한 드림 킬러만 가득한 삶을 살아온 듯하다. 인생에서 진정한 멘토를 만나는 것은 엄청난 행운일 것이다. 늦었지만 지금이라도 인생의 멘토를 만난 것에 감사함을 느낀다. 우주의 법칙, 끌어당김의 법칙으로 인해 나는 〈한책협〉 김태광 대표(김 도사), 위닝북스 권동희 대표(권 마담)를 만나게 되었다. 두 분의 도움으로 나는 지금 책을 쓰고 있다. 내가 직장인으로 살았다면 만나지 못했을 소중한 인연이다. 이 서면을 통해 감사의 마음을 전하고자 한다.

『열 살 엄마 육아 수업』에 실린 내용이다.

"교육 전문가들은 부모의 역할을 3가지 기준에 따라 설명한다.

첫째, 미래 비전을 제시하는가?

둘째, 자녀의 생활 습관을 관리하고 있는가?

셋째, 자녀에 대하여 잘 알고 있는가?

이 3가지 기준을 모두 충족시키는 부모, 즉 미래의 비전을 제시해주면서 자녀의 적성도 파악하고 생활 습관도 관리하면서 자녀를 존중한다면 바람직한 부모상이다."

아들은 어린 나이에도 불구하고 멘토 선생님이 계시다니 얼마나 든든한가. 그분은 다름 아닌 뇌 교육 트레이너 선생님이시다. 아들이 힘들어할 때마다 아이와 상담해주시고 대화도 해주셨다. 엄마인 내게는 하지 못하는 말들을 트레이너 선생님과는 이야기했다. 나는 이해한다. 엄마인 나에겐 못 하는 부분이 있을 것이기 때문이다. 그런 부분을 트레이너 선생님이랑 상담할 수 있으니 좋을 것이다. 나는 아이랑 대화가 통하지 않을 때 가끔 트레이너 선생님에게 도움을 요청하기도 했다.

『내 아이를 위한 감정코치』에 실린 아이와 교감하는 감정코칭 5단계는 아래와 같다.

감정코치 1단계 : 아이의 감정 인식하기.

감정코치 2단계 : 감정적 순간을 좋은 기회로 삼기.

감정코치 3단계 : 아이가 감정을 말할 수 있게 도와주기.

감정코치 4단계 : 아이의 감정을 공감하고 경청하기.

감정코치 5단계 : 아이 스스로 문제를 해결할 수 있도록 하기.

우리는 배움에는 끝이 없다는 말을 들으면서 살아왔다. 부모의 역할도 평생의 공부인 듯하다. 부모가 행복해야 나의 아이도 행복하다. 아이를 성공시키는 부모는 아이의 친구가 되어주는 부모가 아니라 멘토가 되어 주는 부모이다.

07 욕심을 버리고 기다릴 줄 아는 엄마가 되라

인간의 욕심은 어디까지일까? 가지고 있는 것에 만족하는 사람이 있는 반면에 그렇지 않은 사람도 있을 것이다. 여기서 우리가 알아야 할 것이 있다. 욕심과 욕망은 다르다. 두 단어의 사전적 의미는 아래와 같다.

"욕심 : 분수에 넘치게 무엇을 탐내거나 누리고자 하는 마음."
"욕망 : 부족을 느껴 무엇을 가지거나 누리고자 탐함. 또는 그런 마음."

부모들이 아이에게 원하는 것은 욕망이 아니라 욕심이다. 우리는 살아오면서 욕망보다는 욕심의 눈을 버리는 듯하다. 나 또한 살아오면서 욕망을 탐한 게 아니라 타인을 의식하면서 그들을 동경하거나 질투를 한 듯하다. 내가 욕망을 가졌다면 남의 시선보다는 나를 바라보고 진정으로 원하고자 하는 것을 보았을 텐데 말이다.

아래 내용은 봄숲 김성희 블로그에 있는 내용이다.

"욕심의 기준은 무엇일까? 엄마들에게 물어보면 아이에게 공부하라는 소리를 안 하는 것이 '욕심을 버리는 일'이라고 말한다. 실제로도 아이가 좋아하는 것을 응원해주고 도와준다는 부모들이 많아졌다. 그런데 그중에는 공부하라는 말만 하지 않을 뿐, 아이에게 재능이 있다는 사실을 발견하면 끊임없이 잘해야 한다고 몰아붙이는 경우가 있다. 공부도 음악도 미술도 모두 똑같은 재능이다. 다양한 재능 중 하나만을 발견하더라도 값진 수확임에도 불구하고, 부모는 그 소중한 재능만으로는 만족하지 못하고 그 재능을 통해 큰 무언가를 이루기를 한사코 바라기 때문에 또 다른 욕심이 생기는 것이다.

욕심을 버린다는 의미는 아이가 원하는 것을 스스로 할 수 있도록 돕는다는 뜻이다. 공부하라는 말을 하지 않았을 뿐, 재능을 키우라고 몰아세우는 것도 욕심을 드러내는 일이다. 아이가 원해서가 아니라, 부모가 원해서 기르는 재능은 '부모 욕심에서 나오는 재능'일 뿐이다. 습관이 재능을 만든다. 이론상으로는 '스스로 하는 습관'을 어릴 때부터 길러주어야 한다는 사실을 너무나 잘 알고 있지만, 막상 실천하려고 하면 말처럼 그리 쉽지가 않다. 엄마의 불안이 크게 작용하기 때문이다. 엄마의 불안과 걱정 때문에 욕심을 내려놓지 못한다."

나는 내가 하지 못한 것을 아이가 대신해주기를 원했던 것 같다. 그래서 나는 아이에게 피아노를 권유했다고 생각한다. 어릴 적 나는 피아노 배우고 싶다는 생각을 했다. 중학교 때 한 친구가 피아노를 너무 잘 쳤다. 수업 시간 즉 음악 시간에 피아노 치는 모습이 너무 멋있고 예뻐 보이는 것이었다. 하지만 할 수가 없으니 나의 무의식 속에 한이 되었나 보다. 아마 딸이었다면 억지로라도 시켰을 것이다. 아들이고 본인이 싫다고 해서 더 이상 요구하지 않았던 것이다.

부모들은 아이가 원해서 하는 것보다 부모의 욕심에 의해 아이를 학원 보내고 과외 시키는 것이 아닌지 한번 되돌아볼 일이다. 정작 아이들을 위한 것인지 엄마, 아빠 즉 부모 자신을 위해 아이에게 요구하는 것이 아닌지 생각해봐야 할 것이다. 그런 삶은 아이나 부모 모두 행복하지 않다. 시간이 흘러 모두에게 상처로 남을 테니까 말이다.

최근 수업시간에 있었던 일이다. 강사님은 모범생으로 살아오셨다고 한다. 부모님의 말씀을 한 번도 거역한 적이 없다고 했다. 그분은 서울대 졸업하고 대한민국에서 알아주는 대기업에 입사했다고 한다. 주위에서 들었던 이야기대로라면 그분은 성공한 인생 아닌가? 하지만 그분은 당신이 원하는 삶을 찾고자 사표를 던졌다고 한다. 명문대 나오고 대기업에 입사하면 성공한 인생이라고 생각하는 사람들이 많다. 하지만 인생살이가 그게 다는 아닐 것이다. 우리 아이들이 살아가는 인터넷 정보화 시대는 아이가 원하는 것, 되고 싶은 것, 가지고 싶은 것이 무엇인지 알고 그 목표를 위해 준비해나가는 게 더 행복하지 않을까?

"대나무 중 최고로 치는 '모죽(毛竹)'은 씨를 뿌리고 5년간은 죽순이 자라지 않는다고 한다. 정성을 다해 돌봐도 살았는지 죽었는지 꿈쩍도 하지 않는다. 그러다 5년이 지난 어느 날부터 손가락만 한 죽순이 돋아나기 시작해 하늘을 향해 뻗어간다. 하루에 70~80mm씩 쑥쑥 자라기 시작해 6주 무렵에는 30m까지 자라나 웅장한 자태를 자랑한다. 정지한 시간처럼 보이는 5년간 모죽은 성장을 멈춘 것일까. 의문을 가진 사람들이 땅을 파봤더니 대나무 뿌리가 땅속 사방을 10리가 넘도록 뻗어 있었다고 한다. 6주간의 성장을 위해 무려 5년을 은거하며 내실을 다져왔더니 참으로 경이로운 일이다. 하기야 이렇게 탄탄히 기초를 다졌으니 그 거대한 몸집을 지탱할 수 있는지도 모른다. 모든 사물에는 임계점이 있고 변곡점이 존재한다. 직전까지 아무 변화가 없어 보여도 여기에 도달하면 폭발적으로 비약한다. 모죽이 성장을 위해 5년을 인내하는 것처럼 현재의 어려움을 견뎌낸다면 언제가는 모죽처럼 쑥쑥 자라고 있는 자신을 발견할 것이다."

– '기다림의 미학', 〈서울경제신문〉 2015.11.26.

아이를 출산한다는 것은 새로운 세상과 만나는 것과 다를 바 없다. 여자에서 엄마라는 타이틀을 달게 되는 새로운 세상 말이다. 아이가 태어나면서 기쁨, 사랑, 희망이 샘솟는 듯하지만, 나도 모르게 두려움, 불안감이 밀려오기도 한다. 따라서 태아를 잉태하고 출산하는 과정은 경이로운 기적이라고 하지 않는가. 우리는 아이를 만나기 위해 열 달 동안 엄마 뱃속에서 성장하는 태아를 기다린다. 한 달 한 달이 지날수록 태아가 잘 성장하고 있는지 병원에 방문하여 태아의 상태를 확인하곤 한다. 열 달이 길다고 느껴질지라도 순식간에 지나가더라. 우리는 10개월 동안 엄마 몸속이라는 안전한 테두리 안에서 인내하고 기다리다가 시간이 되면 세상의 밝은 빛을 보기 위해 태어나는 것이다. 엄마 뱃속 안이 어둡고 답답하다고 중간에 뛰쳐나오지 않는다. 아이는 엄마의 따뜻한 사랑으로 뱃속에서 인내와 기다림을 배워 힘차게 세상 밖으로 나오는 것이다.

『초보 엄마를 위한 육아 필살기』에는 호아킴 데 포사다의 『마시멜로 이야기』에 관한 내용이 있다.

"연구원들은 15분을 참고 기다려 마시멜로를 한 개 더 받은 아이들과 15분을 참지 못하고 마시멜로를 먹어 치운 아이들의 10년 동안의 성장 과정을 비교해서 결과를 발표했다고 한다. 15분을 참았던 아이들이 그렇지 못한 아이들보다 학업 성적이 훨씬 뛰어났다고 한다. 또한, 친구들과의 관계도 원만했다고 한다. 겨우 15분이었지만 그 시간을 참고 견딘 아이들이 그렇지 못한 아이들보다 성공적으로 성장하고 있다고 한다. 당장 눈앞에 보이는 유혹을 참고 견뎌낸다면 언젠가는 더 큰 만족과 보상을 얻을 수 있다고 한다."

스스로 감정을 조절하지 못하는 아이, 기다리지 못하고 짜증내는 아이, 신경질 내는 아이, 화를 내는 아이는 성장할수록 부정적인 아이로 자라게 된다. 부정적인 아이일수록 엄마는 자신을 되돌아봐야 할 것이다. 아이는 엄마가 하는 행동 그대로 따라 한다. 아이에 대한 욕심을 버리지 못하는 엄마가 많다. 여전히 공부가 우선인 엄마들이 그렇지 않은 엄마들보다 많을 것이다. 예전보다 나아졌다고는 하지만 여전히 공부가 우선이다. 최근에는 아이의 인성 교육으로 눈을 돌리는 엄마들도 있다. '욕심'이라는 가면 뒤에 숨어서 사랑하는 아이를 위한 거라는 말로 포장하는 엄마가 되지 말자. 엄마가 아이에게 기대하는 욕심을 버린다면 아이는 행복하게 성장할 수 있다.

08 꿈이 있는 엄마가 아이의 꿈도 성장시킨다

당신의 꿈은 무엇인가? 당신의 꿈은 이루어졌는가? 대부분의 사람들은 성장하면서 꿈은 수십 번 바뀌고 또 바뀌었을 것이다. 나는 어렸을 때 유치원 선생님이 되는 것이 꿈이었다. 특별한 이유가 있었던 건 아니다. 초등학교 때 선생님의 모습이 멋있어 보여서 그랬던 것 같다. 하지만 내가 성장하면서 아이들을 좋아하지 않는다는 것을 알게 되었다. 그 후로 선생님의 꿈은 접었다.

한 번 태어나는 인생! 누군가는 자신의 꿈을 이루고자 열심히 살아가는 반면에 꿈도 없이 먹고사는 데 급급해 현실만 쫓아가는 사람이 있을 것이다. 나 또한 다르지 않은 삶이었다. 나도 현실을 쫓아다니던 사람이었으니 말이다. 당신의 꿈이 무엇인지 생각해보았나? 우리는 어릴 때부터 '공부해라! 공부해라!'라는 말을 들으면서 자랐다.

수업시간에 선생님이 "너의 꿈은 뭐니?" 라고 물으면 하나같이 의사, 변호사, 선생님 등을 말하곤 했다. 과연 이 꿈은 아이들이 원해서 말한 꿈일까? 아마도 무의식 속에 내재되어 있던 엄마, 아빠들이 들려준 꿈이었을 것이다. 부모가 원하는 자식의 꿈이었던 것이다.

나는 어른이 되어 꿈이 없었던 듯하다. 먹고살아야 하는 현실과 부딪쳐 살아야 하는 벅찬 인생이었다. 한순간에 길거리로 쫓겨나는 신세가 되기도 했다. 그때의 집 없는 서러움은 말로 표현이 안 된다. 나의 인생에서 가난의 꼬리표는 계속 붙어 다녔다. 그 꼬리표를 끊어내고자 직장인의 삶을 열심히도 살았다. 그러나 현실은 나아지지 않았다. 꿈이 없는 삶은 얼마나 허무한가. 슬프지 않나. 살아가면서 자신이 원하는 것, 되고 싶은 것, 갖고 싶은 것들이 있었을 텐데 말이다. 어째서 진정으로 내가 원하는 것이 무엇인지 한 번도 생각하지 않았을까? 인생이 참 허무하다. 삶이 이렇게 허무할 수도 있다는 걸 알게 되니 현실이 서글프다. 나는 항상 부자들을 부러워하기만 했지 내 안의 의식을 바꿀 생각을 하지 못했다. 가난에서 벗어날 수 있는 가장 빠른 방법은 의식을 통해 꿈을 가지는 것이다.

『기적의 입버릇』이라는 책에 실려 있는 내용이다.

"소리 내어 말할 때 꿈은 이루어진다고 합니다. 언제나 '잘될 거야.'라며 긍정적으로 생각하는 사람에게 위기가 닥쳤을 때는, '저 사람은 분명히

재기에 성공할 거야.'라는 기대를 막연하게나마 하게 됩니다. 실제로 한참 후에 그 사람을 만났을 때 '그때는 죽을 것 같았는데, 잘 극복했고 지금은 잘 살고 있어요.'라는 말을 듣게 됩니다. 반대로 입버릇처럼 '내가 못 살아.'라고 말하는 사람은 정말 하는 일들이 하나도 되는 게 없어 보입니다."

나는 '못 살아.'라는 말을 입에 달고 살아왔다. 그리하여 나의 현실은 나아지지 않았던 듯하다. 당신이 원하는 꿈을 이루고 싶다면 어떻게 해야 할까? 우리의 꿈은 망상이라고 생각한다. 쉽게 말해 로또 복권을 사지도 않으면서 행운의 주인공이 되길 바라는 것과 같은 것이다. 나 또한 그랬다. 로또를 사지 않으면서 '1등 당첨되게 해주세요.'라고 했으니 말이다. 우리 주변에는 노력하지도 않으면서 쉽게 얻으려고 하는 사람들을 볼 수 있다. 그런 사람들이 과연 자신이 원하는 꿈을 이룰 수 있을까? 어린 꼬맹이가 하느님께 기도하는 것과 다를 바 없다. 한때 나도 다람쥐 쳇바퀴처럼 꿈도 없이 반복적인 노예의 삶을 살았던 때가 있었다. 지금은 책 쓰기를 통해 나의 꿈을 찾고자 한다. 한 번 사는 인생 멋지게 부자들처럼 살아봐야 하지 않을까. 직장인의 삶으로는 경제적 자유를 찾을 수 없다는 것도 알았다. 나는 내가 원하는 진정한 나의 꿈을 찾고자 한다. 나는 아이도 자신이 하고 싶은 꿈을 찾기를 바라는 마음이다.

최근 코로나로 인해 아들은 집에만 있다. 아들은 축구 선수가 되는 것이 꿈이다. 축구 선수가 되기 위해서는 꾸준히 연습해야 한다. 하지만 밖으로 나갈 수 없으니 아이는 답답해한다. 정말 축구 선수를 원하면 축구 클럽에 등록해서 차근차근 연습을 밟아야 함을 나는 알고 있다. 사실 부모의 눈으로 봤을 때 아이의 체격이나 체력이 축구 선수 하기에는 부족해 보인다. 우리는 아이에게 "너는 축구 선수 안 된다."라고 말한 적이 있다. 아이가 한 말이 "아들에게 격려와 용기를 주지는 못하고, 아들의 기를 팍팍 죽이는 거냐고." 한마디 하더라. 우리 부부는 어이없어 웃고 말았다. 아이가 한 말은 틀린 말이 아니다. 일반 부모들도 우리 부부처럼 말할 것이다. 나 또한 우리 부모에게 들었던 것처럼 아이에게 똑같이 하고 있던 것이다.

『기적의 부모 수업』에는 꿈을 이루기 위한 내용이 있다.

"꿈을 이루기 위해서는 작은 씨앗이 필요합니다. 자신이 가장 좋아하는 것을 할 때의 성취감이 바로 작은 씨앗입니다. 많은 사람들이 꿈이 있다고 말하면서도 꿈을 좇기보다는 금전적인 이익을 추구하는 삶을 택하면서 사는 이유는, 바로 자신의 꿈을 포기하기 때문이며 성취감이라는 희열을 맛보지 못했기 때문입니다. 꿈을 이루기 위해서는 노력한 만큼의 대가를 성취감을 통해서 얻는 마음의 선택이 우선 필요합니다. 걷기도 전에 뛰기부터 하려는 사람은 꿈을 이룰 수 없습니다. 꿈은 작은 씨앗에서 시작된다는 말을 마음에 잘 새겨야 합니다."

꿈이 없던 나는 여러 가지를 배우고자 했다. 내가 이것저것 배울 때 생각한 것은 금전적인 이익을 얻는 것이었다. 좀 더 빨리 성공하고 싶었기 때문이다. 그래서 나는 요리를 배우러 다니고, 속기를 배우곤 했다. 또한, 회사 업무를 위해 영어를 공부하기도 했다. 그럴 때마다 나는 중간에 포기하곤 했다. 내가 진정으로 원하던 꿈이 아니었던 것이다.

지금은 책 쓰기를 통해 1인 창업하는 것이 나의 꿈이다. 나는 1인 창업으로 성공한다는 믿음을 가지고 있다. '잘될 거야.', '성공할 거야.', '나는 부자다.', '나는 신이다.', '이미 이루어졌다.'라는 마음으로 성공을 확신하며 하루를 보내고 있다. 책 쓰는 것은 생각처럼 쉽지는 않다. 하지만 나는 '할 수 있다.'라는 긍정적인 생각을 하면서 쓰는 중이다. 나는 미래에 1인 창업하여 성공자의 삶을 살고 있을 것이다.

나는 뇌 교육을 통해 아이의 꿈을 이루기 위한 작은 씨앗을 심어주고자 한다. 그 씨앗이 무럭무럭 자랄 수 있도록 엄마로서 도움을 주려고 한다. 아이가 행복하려면 아이 스스로 꿈을 찾아야 한다. 아이 스스로 꿈을 이루기 위해 한 걸음씩 전진할 것이다. 아이는 좌절, 실패, 성공의 경험을 통해 성장할 것이라고 믿는다. 아이에게 꿈이란 인생의 설계도와 같다. 부모가 아이에게 제시하는 꿈, 부모의 꿈은 아이의 진정한 꿈이 아니다. 아이가 원하는 꿈은 아이의 생각으로부터 나와야 함을 잊지 말자.

꿈을 이루기 위해서는 무엇보다 긍정적인 에너지가 필요하다. 부정적인 생각을 하고 있다면 빠른 시일 내에 쓰레기통에 버려야 할 것이다. '꿈을 이룰 수 있다.'라는 긍정적인 마음을 끊임없이 키워나가면 반드시 꿈은 이루어진다. 꿈이 있는 아이들은 슬럼프가 찾아오더라도 잘 극복한다고 한다. 아무리 작은 꿈이라도 그 꿈을 이루기 위해서는 수많은 시간을 노력하고 이겨내야 할 것이다.

OUTRO 육아는 엄마와 아이가 함께 겪는 인생의 성장통이다

육아는 영원한 숙제인 것 같다. 영원히 풀리지 않는 실타래 같은 것 말이다. 아이를 키우는 일은 어렵고 힘들다. 어느 엄마도 아이를 완벽하게 키울 수는 없다. 아이에게는 무엇보다 엄마의 믿음이 중요하다. 아이의 마음을 이해하고 존중해야 한다. 엄마는 아이에게 충분한 사랑을 줘야 할 뿐만 아니라 아이가 어리다는 이유로 소홀하면 안 된다. 아이도 감정과 생각을 지닌 하나의 인격체임을 잊지 말자. 엄마로부터 존중받는 아이로 성장하면 타인을 존중할 줄 아는 아이로 성장할 것이다. 아이는 엄마의 말보다 행동에서 더 많이 배운다고 한다. 육아는 엄마와 아이가 함께 성장하는 인생의 성장통인 듯하다.

우리 아이를 잘 성장시키기 위해서는 엄마의 노력이 중요하다. 우리 아이를 남들과 똑같이 가르치기 전에 남과 다르다는 것을 인정하고 그대로 받아들여야 한다. 다른 아이들과 경쟁하고 비교하기보다 내 아이만 오롯이 바라봐주자. 엄마의 기대치를 아이에게 바라지 마라. 너무 많은 기대를 하다 보면 작은 일에도 칭찬과 격려는 남의 이야기가 된다.

아이의 눈높이에 맞춰서 대화하도록 노력하자. 아이와 엄마가 소통할 수 있는 공감대가 형성될 것이다. 엄마와 아이가 대화할 때는 일방적인 소통이 아니라 쌍방 간의 주고받는 대화를 해야 한다. 아이와 엄마는 믿음과 신뢰를 바탕으로 관계를 쌓아나가야 한다. 아이를 믿어주고 아이의 감정을 먼저 들여다보자. 아이의 문제점을 찾아 지적해서 고쳐주기보다는 아이를 기다려주고 격려해주는 엄마가 되자. 아이 스스로 고민하고 결정하고 판단하다 보면 아이는 스스로 깨닫는다. 그런 경험을 통해 아이는 자신감뿐만 아니라 자존감도 상승한다.

스스로 자신을 사랑하는 아이는 긍정적인 생각과 자존감이 높은 아이로 성장할 뿐만 아니라 감정도 잘 통제하게 된다. 아이는 자라면서 좌절과 실패를 통해 방황도 하겠지만 시련을 통해서 강해지는 방법을 터득하는 경험을 할 것이다. 부모의 지속적인 관심과 사랑이 아이에게 많은 에너지를 줄 것이다. 아이의 자존감은 부모가 아이에게 줄 수 있는 가장 멋진 선물이다. 자신감과 자존감이 높은 아이는 적극적이고 긍정적인 아이로 자라게 될 것이다.

이탈리아의 교육자 몬테소리는 "아이 스스로 자신을 돌보는 법을 배우게 하라. 아이가 자기 일을 스스로 하는 것은 인간 존엄의 발현이기도 하다. 인간의 존엄은 독립 정신에서 탄생하기 때문"이라고 말했다.

피터 드러커 경영대학원 심리학과 교수인 미하이 칙센트미하이는 아이들의 능력 계발에 있어 호기심이 가장 중요하며, 아이들이 호기심을 갖는 분야에 몰입한다면 창의적인 사람이 될 수 있다고 말했다.

엄마가 아이에게 바라는 가장 이상적인 모습은 아이의 숨겨진 재능을 찾아주는 것이다. 아이마다 각자의 개성을 가지고 태어난다고 한다. 지혜로운 엄마라면 아이가 순수한 영혼을 통해 자유로운 상상력, 창의력을 마음껏 펼칠 수 있는 자기 주도적인 아이로 성장할 수 있도록 도움을 주자.

NORTH
PACIFIC
OCEAN
Crayola
pip-squeaks
16
CHILDCRAFT